宝宝辅食制作
与营养配餐全书

美国注册营养师
儿科临床营养师

王晓纯  主编

中国妇女出版社

图书在版编目（CIP）数据

宝宝辅食制作与营养配餐全书 / 王晓纯主编. —— 北京 ：中国妇女出版社，2019.1
ISBN 978-7-5127-1652-0

Ⅰ.①宝… Ⅱ.①王… Ⅲ.①婴幼儿－食谱 Ⅳ.①TS972.162

中国版本图书馆CIP数据核字（2018）第236073号

宝宝辅食制作与营养配餐全书

作　　者：王晓纯　主编	
责任编辑：陈经慧	
封面设计：尚世视觉	
责任印制：王卫东	
出版发行：中国妇女出版社	
地　　址：北京市东城区史家胡同甲24号	邮政编码：100010
电　　话：（010）65133160（发行部）	65133161（邮购）
网　　址：www.womenbooks.cn	
法律顾问：北京市道可特律师事务所	
经　　销：各地新华书店	
印　　刷：北京中科印刷有限公司	
开　　本：170×240　1/16	
印　　张：15	
字　　数：120千字	
版　　次：2019年1月第1版	
印　　次：2019年1月第1次	
书　　号：ISBN 978-7-5127-1652-0	
定　　价：49.80元	

宝宝的营养在辅食添加阶段至关重要，合理及时地添加辅食不仅能锻炼孩子的进食能力，也为孩子一生的饮食习惯和健康状态打下良好的基础。

注册营养师王晓纯在儿童营养领域有着丰富的学识和经验，她主编的这本书内容丰富详尽，结合了中国营养学会最新推出的妇幼膳食指南，更新了过去一些陈旧的观点，对什么时候添加辅食、如何快速做辅食、食物过敏、饮食多样性、顺应喂养、孩子吃得不好等家长困惑的问题，都给出了相应的建议和解决方案。家长学习了这本书，就可以轻轻松松地成为孩子有成就感的"营养师"。

该书食谱和知识相融相辅，不但生动和温暖，也较系统地普及了营养科学的知识和辅食制作的方法，是新手爸妈的好帮手。我很高兴为本书作序，并真诚地推荐给大家。祝每一个宝宝健康快乐地成长！

杨月欣教授

中国营养学会理事长

第 一 章

宝宝添加辅食，
妈妈最关心的问题

第二章

6月龄，
宝宝可以吃辅食啦

第三章

7月龄，混合辅食，
菜泥、果泥多样化

第四章

8月龄，
食物品种更加丰富，
变着花样吃肉食

第五章

**9月龄，
爱上稠粥、软饭和
烂面条**

第六章

10月龄，
出牙的宝宝更爱
吃饭了

第七章

11月龄，
喜欢吃的东西更多了

第八章

**12月龄，
顺应喂养**

第九章

1～2岁，
进入饮食多
样化的幼儿
阶段

第十章

2~3岁，
像大人一样吃饭

第一章

宝宝添加辅食，
妈妈最关心的问题

添加辅食，到底是4月龄还是6月龄

　　有很多家长都是从宝宝4~6个月开始为宝宝添加辅食，但是4~6月龄是一个不短的时间段，到底何时才是给宝宝添加辅食的合适时间呢？

　　世界卫生组织和中国营养学会都明确建议，纯母乳喂养、人工喂养和混合喂养的婴儿满6月龄（180天）开始添加辅食。婴儿满6月龄后，胃肠道等消化系统基本发育完善，可以消化母乳之外的食物了。另外，婴儿的味觉、嗅觉、感觉、运动、认知、行为能力都达到了一个新的高度，婴儿自身也需要机会去接触、感受和尝试，逐步体验和适应多样化的食物。换言之，这个时期的宝宝已经做好了接受新食物的准备。所以，满6月龄后添加辅食，不仅仅是为了满足婴儿的营养需求，还是为了满足其心理需求，并可促进其感知觉、认知、行为能力的发展。

　　由于一些特殊情况，有的宝宝需要调整添加辅食的时间，一定要咨询专业医师，而不是自作主张添减辅食。一般来说，早不能早于4个月，最晚不能晚于7个月。

掌握好宝宝添加辅食的时机

通常情况下，从宝宝满6个月时应该逐步添加辅食，但因婴儿个体差异，开始添加辅食的时机并没有一个严格时间规定。一般有下列情形时可以开始添加辅食：

（1）婴儿体重增长已达到出生时的2倍。

（2）婴儿在吃完约250毫升奶后不到4小时又饿了。

（3）婴儿脖子变得有力，稍微支撑就可以坐起来了。

（4）婴儿在24小时内母乳喂养8～10次，人工喂养总奶量达到1000毫升以上，且仍然吃不饱。

（5）婴儿月龄达6个月。

如果不满4个月添加菜水、果汁、果泥等都属于过早添加，可能会对健康产生不良影响。家长要注意，在刚刚开始添加辅食期间，要保证宝宝一贯的喂养规律，不要主动减少母乳或配方奶粉的喂养量和喂养次数。一般建议婴儿6个月至1岁，应保证每天喝奶量在600毫升～1000毫升，1岁至1岁半不少于500毫升。

宝宝辅食添加多少合适

宝宝在婴幼儿期的生长速度很快，家长应根据宝宝的生长发育情况在不同月龄对其饮食结构及时做出调整。以下是《中国居民膳食指南（2016）》给出的婴幼儿辅食添加建议，供家长在喂养宝宝的过程中参考。

 **7～9月龄**

7～9月龄的婴儿每天除了保持600毫升以上的奶量，并优先添加富含铁的食物，逐渐达到每天1个蛋黄或全蛋（如果蛋黄适应良好就可以尝试添加蛋白了）和50克肉、禽、鱼，还可根据宝宝情况适当添加谷物类、蔬菜、水果等。这个阶段宝宝的辅食性状由泥糊状逐渐过渡到9月龄时带有小颗粒的半固体食物，如粥、烂面条、肉末、菜碎等。

10～12月龄

10～12月龄婴儿每天应保持600毫升的奶量，要保证足量的动物性食物，每天加1个全蛋以及50克肉、禽、鱼，一定量的谷物，根据宝宝情况适量添加蔬菜及水果。这个阶段的婴儿辅食性状应较前一阶段加厚、加粗，应喂软固体食物。特别建议这个阶段鼓励婴儿自己吃一些手抓食物。

13～24月龄

13～24月龄的幼儿每天应保持500毫升左右的奶量，每天1个全蛋以及50克～75克肉、禽、鱼，每天50克～100克的谷物类，根据宝宝情况适量添加蔬菜及水果。如果母乳不足，建议以幼儿配方奶作为补充，可以少量添加鲜奶、酸奶、奶酪等，作为幼儿辅食的一部分。

宝宝添加辅食后的母乳喂养量

　　《中国居民膳食指南（2016）》指出：为了保证能量及蛋白质、钙等重要营养素的供给，7～9月龄的婴儿每天的母乳量不应低于600毫升，每天应保证母乳喂养不少于4次；10～12月龄婴儿每天母乳量约600毫升，每天应母乳喂养4次；13～24月龄幼儿每天母乳量约500毫升。对于母乳不足或者不能母乳喂养的婴幼儿，满6月龄后需要继续以配方奶作为母乳的补充，配方奶的需要量与母乳量相似。

　　由此可见，对于7～24月龄的婴幼儿来说，母乳仍应作为其营养的重要来源，家长应在保证上述母乳喂养量的基础上合理搭配添加的辅食。

辅食添加的顺序及方法

　　婴儿辅食添加的原则为：每次只添加一种新食物，由少到多、由稀到稠、由细到粗，循序渐进。食物性状由泥糊状开始，逐渐增加食物的种类，同时性状逐渐过渡到半固体或固体，例如，从泥糊状米粉、肉泥等食物到烂粥、稀粥，再到软饭、软面条、小饺子、小馄饨等。在添加动物性食物时，添加顺序为：肉泥—蛋黄—肝泥—鱼泥—虾泥—全蛋。其间同时逐渐添加各种蔬菜泥、果泥、碎菜末、碎水果粒等。另外，需要注意的是，每次只添加一种新的食物，同一种食物喂食宝宝2～3天之后再添加另一种食物，逐步达到食物多样化。

　　在添加辅食的过程中，每添加一种新的食物应让婴儿有2～3天的适应期，密切观察婴儿是否出现呕吐、腹泻、皮疹等不良反应，如果宝宝适应了这种食物，可以再添加新的食物。如果宝宝在添加某种新食物1～2天内出现了呕吐、腹泻、皮疹等反应，应及时停止喂食，待症状消失后再从少量开始尝试，如果重新添加后仍然出现上述不良反应，应带去医院确认是否存在食物过敏。

　　刚开始用小勺喂婴儿辅食时，宝宝可能只会吮舔，要有耐心让宝宝慢慢练习。

泥糊　　　烂粥　　　稀粥　　　软饭　　　软面条　　　小饺子　　　小馄饨

宝宝的第一口辅食吃什么

《中国居民膳食指南（2016）》建议，给婴儿添加辅食应先从富含铁的高能量食物开始，如强化铁的婴儿米粉、肉泥等泥糊状食物。这么提议是因为纯母乳喂养的孩子6个月时从母体自带的铁元素已经基本消耗完毕，这时的宝宝容易发生缺铁性贫血，因此需要通过额外添加含有铁元素的食物进行补充，以满足身体发育的需要。

过去，很多机构建议辅食添加要遵循一定的顺序，比如先从蛋黄开始，然后再添加米粉、蔬菜、水果等。但现在很多权威机构更新了建议，他们认为辅食添加遵循特殊的顺序，并没有比其他添加顺序好，因为无论是否按照特定的顺序给宝宝添加辅食，并没有改变孩子后来出现的口味偏好。但是循序渐进地添加辅食更适应婴儿的消化功能。

过去很多家长在给宝宝添加辅食时往往从蛋黄开始，事实上，蛋黄并不是宝宝第一口辅食的首选。因为蛋黄中的铁含量虽不低但是很难被吸收，吸收率在10%以下，不是良好的补铁辅食，且蛋黄可能引起婴儿食物过敏。建议先添加肉泥再给宝宝添加蛋黄，蛋黄添加良好可添蛋白，且宝宝胃肠消化未发育完善之前不适合吃全蛋。添加蛋黄时，应从1/4或1/6个开始，如果宝宝没有出现过敏反应，可在1～2周后再加量，循序渐进，直至一个完整的蛋黄。

辅食应保持淡口味，适量添加植物油

《中国居民膳食指南（2016）》指出，辅食应保持原味，不加盐、糖及刺激性调味品，保持淡口味。这样有助于提高婴幼儿对各种天然食物口味的接受度，并减少偏食、挑食的风险。同时，淡口味的食物通过减少婴幼儿糖、盐的摄入量，可以降低儿童期及成人期肥胖、糖尿病、高血压、心血管等疾病的风险。

母乳和配方奶中的钠含量均可以满足6月龄内婴儿的需求，宝宝添加辅食后，可以从天然食物中获得钠，如蛋类、新鲜瘦猪肉、新鲜海鲜等，它们都含有钠，再加上从母乳或配方奶中获得的钠，可以满足婴儿所需钠的适宜摄入量。7～24月龄的婴幼儿肾脏、肝脏等各种器官尚未发育成熟，过量摄入钠会增加肾脏负担。宝宝在13～24月龄开始尝试成人食物，但依然应少盐，满24月龄后可以跟家人一起吃饭。

食物中额外添加糖，除了增加能量外，不含有任何营养素。众所周知，婴幼儿过多地摄入糖，会增加龋齿的风险，还会增加儿童期、成年期肥胖，以及2型糖尿病、心血管疾病的风险。

另外，辅食应适量添加植物油。如果婴儿的辅食以植物性食物为主，需额外再增加5克～10克油脂。最好为宝宝选择富含α-亚麻酸的植物油，如亚麻籽油、核桃油、紫苏籽油等。

辅食中可否加鸡精、味精等调味品

关于味精、鸡精有害健康的传闻有很多，但这些说法很多没有真凭实据，对于刚刚添加辅食的宝宝来说，鸡精、味精这些调味品均不宜食用。因为它们都含有谷氨酸钠和氯化钠，而钠是食盐的主要成分。前面已经讲过，宝宝的肾脏尚未发育成熟，过多摄入食盐会加重肾脏负担，为健康埋下隐患。因此，不建议辅食中添加鸡精、味精类调味品。

可以给宝宝吃儿童酱油吗

在宝宝的日常饮食中，儿童酱油也是最常见的调味品之一，而且儿童酱油的价格还是普通酱油的好几倍。有些家长认为不可过早在孩子的辅食中添加食盐，但儿童酱油一定比食用盐和成人酱油淡一些，可以适量加点儿童酱油来给辅食调味，以增强孩子的食欲。那儿童酱油宝宝到底可不可以吃呢?

普通的成人酱油中含有较多的钠，咸味较重，而且很多酱油中还加入了谷氨酸钠（味精的成分），以用来提鲜。普通酱油10毫升中含钠量在600毫克以上（相当于1.5克盐），而儿童酱油10毫升的钠含量也在500毫克~600毫克。由此可见，儿童酱油的含钠量并不低，虽然有一些儿童酱油强化了钙和铁，但其含量微乎其微。给宝宝吃儿童酱油无异于添加食用盐，长期过多给1岁以内宝宝食用同样会增加孩子的肾脏负担，并为健康埋下隐患。

因此，不建议家长给1岁以下的宝宝食用儿童酱油，而1岁以上才可以少量开始添加。

主食和辅食如何搭配

1岁以内的宝宝母乳才是主食

年轻的父母要理解辅食的概念。所谓辅食，是辅助的食物，指6月龄之后母乳或配方奶无法满足宝宝的营养需求，还需给予宝宝一些母乳或配方奶之外的食物，以满足宝宝的生长发育需求，这些食物称之为辅食。宝宝在12月龄之前，母乳或配方奶仍应为其主食，也就是说，母乳或配方奶提供膳食中大部分的能量。同时，国际母乳协会建议，母乳喂养可持续到2岁或以上，但是辅食的量需逐渐增加，并减少母乳的量。

先喂辅食再喂奶

为了顺利进行母乳喂养，婴儿刚开始添加辅食时，建议先喂辅食，因为婴儿在饿的时候更容易接受辅食，待婴儿吃完辅食后，最后根据婴儿吃辅食的情况再按需哺乳，让宝宝一次吃饱。这种辅食–奶的搭配方式可以避免宝宝处在间断或半饥饿状态，有利于饮食规律的建立。等宝宝吃辅食的规律建立后，可以一顿全吃辅食或一顿中辅食与奶搭配。

正确应对宝宝对辅食的"恐新"表现

宝宝刚添加辅食时可能会出现"恐新"表现，将食物吐出来或者拒绝接受。这是宝宝的一种自我保护反应，家长不必着急，可继续喂食。在宝宝健康且情绪良好的时候，从半勺开始喂食，让宝宝慢慢接受新食物。一般宝宝接受一种新的食物需要7～10次尝试，所以家长们一定要有耐心。

如何判断辅食添加是否成功

除了宝宝爱吃辅食且没有过敏之外，身长和体重增长速度是反映孩子喂养与营养状况的直观指标。7～24月龄的婴幼儿建议每3个月做一次定期检测，根据体格生长发育指标的变化来评估宝宝的生长发育状况，并及时调整喂养方法。

世界卫生组织的"WHO儿童生长曲线"可以直接判断婴幼儿的生长发育水平，间接反映宝宝是否得到正确、合理的喂养。生长发育曲线是通过检测众多正常婴幼儿发育过程后描绘出来的，整个曲线由若干条连续曲线组成。该曲线的使用方法很简单，每次测量宝宝的身高、体重、头围后，对照年龄列，按照测量的数字在WHO儿童生长曲线上画上一点；连续测量几次后，将这些点连接起来的曲线就是宝宝生长曲线图，再跟生长曲线的百分位或Z值进行对比，就能知道宝宝的发育水平处在什么位置。

目前，世界卫生组织对婴幼儿生长发育状况评价采用的是Z评分（如下图）。Z评分采用的是一个统计学指标，即将身长（身高）、体重和体质指数（BMI）Z评分应用于0～5岁儿童营养与健康状况的评价。Z评分的绝对值越小（最小为0），说明宝宝的生长状况越接近平均水平；Z评分的绝对值越大，说明宝宝的生长状况越好或者越差。也就是说，当宝宝的Z评分在−3～3以外，就是提示宝宝的生长发育可能存在异常情况，需要引起家长的关注，应及时找到原因并予以调整。

0～5岁女孩身（长）高生长曲线图

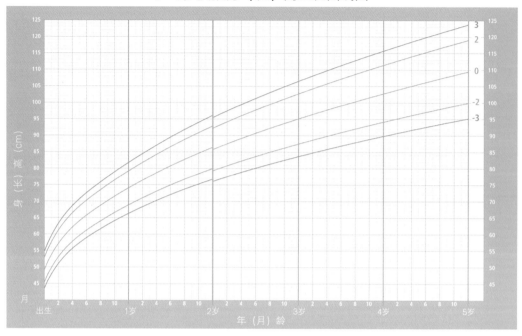

0～5岁男孩身（长）高生长曲线图

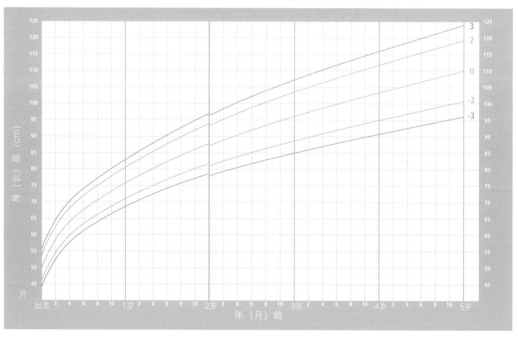

0～5岁女孩体重生长曲线图

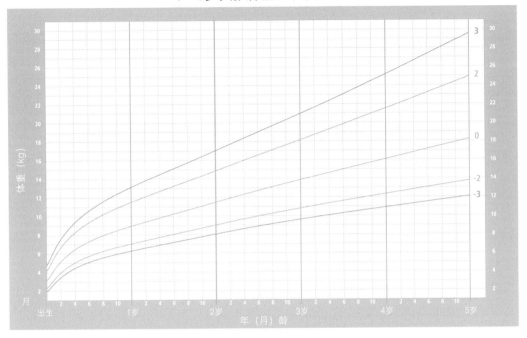

0～5岁男孩体重生长曲线图

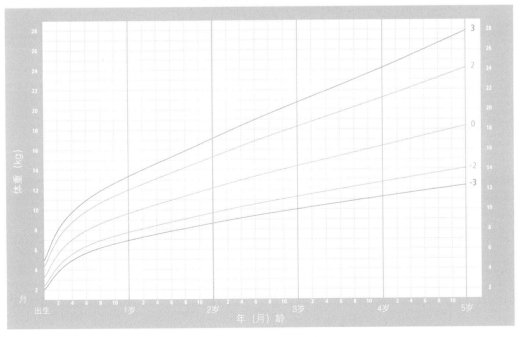

宝宝多大可以喝鲜奶、酸奶

　　鲜奶所含的蛋白质、矿物质远高于母乳，而且不易消化，致敏性强，如果宝宝过早食用，会增加宝宝的肠胃和肾脏代谢负担，因此不建议给1岁以内婴儿食用。而酸奶和奶酪是经过发酵的奶制品、蛋白相对容易消化，而且富含益生菌，1岁以内可以喝，但要注意选择婴幼儿型和无添加的类型。对于13～24月龄的幼儿，可以将酸奶、鲜奶作为食物多样化的一种尝试，但建议少量进食，不能完全替代母乳或配方奶。

如何避免宝宝过敏

现在过敏人群不断增加，我国婴幼儿食物过敏的发生率也在不断增加，因此很多家长都担心孩子食物过敏，尤其是过敏体质的父母更加担心。

预防和阻断食物过敏可以减少特应性皮炎、哮喘、腹泻等过敏性疾病的进一步发生。研究证实，过早或过晚添加易过敏食物，如牛奶、花生、鸡蛋、小麦、海鲜等，并不能预防婴幼儿食物过敏的发生，反而可能增加食物过敏的发生。也就是说，不用过多推迟添加易过敏的食物来预防过敏。

家长不必为了防止孩子过敏而让孩子减少可能致敏食物的摄入，而是应该在适宜的月龄让孩子尝试鸡蛋等易致敏的食物，这样反倒会让孩子更不容易过敏。不过，需要注意的是，添加这些易过敏的食物时要从少量开始，仔细观察宝宝的反应，尤其是有家族过敏史的宝宝。如果出现过敏反应则停止添加，一周后再次尝试，若仍出现过敏应到医院确诊。

辅食过度精细会影响宝宝口腔健康

　　婴儿在不同月龄应添加不同种类、不同质地、不同性状的辅食。家长不仅要保证辅食营养均衡，还要考虑辅食的软硬度、松脆性等。

　　食物的不同性状会为口腔肌肉提供不同的刺激，使其得到充分锻炼和发育。如果8个月以上的宝宝仍然吃食物过度精细，只吃糊状或过于柔软没有小颗粒的食物，会影响宝宝咀嚼肌的发育，甚至还会影响牙弓和颌骨的发育，对乳牙的萌出也不利。

　　现在很多孩子的乳牙脱落过晚，有一个很重要的原因就是饮食过于精细，牙齿的生理性功能没有得到充分发挥。只有让孩子的牙齿充分咀嚼，才能促进乳牙牙根的生长发育及其自然吸收、脱落。

　　宝宝添加半固体或固体食物的过程，也是顺应牙齿发育的状况，乳牙萌出后宝宝开始尝试颗粒状食物，而当磨牙萌出后即可食用小块状食物。由于每个宝宝牙齿萌出的时间有早有晚，家长可根据具体情况改变辅食的性状，这样除了有利于牙齿发育，同时也有助于锻炼宝宝的肠胃。

辅食应粗细搭配

孩子和成人一样，在饮食上要粗细搭配，不仅需要摄入蛋白质、脂肪、碳水化合物、维生素、矿物质等营养素，同样也需要摄入膳食纤维。对宝宝的喂养过于精细，含膳食纤维的食物摄入不充足，都是不正确的喂养。

膳食纤维对人体的生理功能有着重要的作用，比如促进胃肠蠕动，利于大便排出，减少胃肠疾病，像燕麦、小米、玉米、薯类等都含有大量的膳食纤维，适合搭配在宝宝的辅食中。现在很多家庭对宝宝喂养过于精细，导致很多宝宝便秘。适量食用富含膳食纤维的粗粮有利于改善宝宝便秘，帮助孩子清除体内垃圾。而且粗粮的热量低于细粮，粗细搭配合理还可预防体重增长超标。

需要注意的是，粗粮易产生饱腹感，对于处于生长发育阶段的宝宝不宜过多食用，适量搭配即可，否则容易造成宝宝摄入热量不足，影响生长发育。

另外，刚开始添加辅食的婴儿的肠胃不适应含有高纤维的粗粮，应在添加了其他细粮后，再搭配添加粗粮。1～3岁的幼儿可根据每天膳食种类，按照1/5～1/3的比例，适量摄入粗粮。

顺应喂养，不强迫宝宝进食

顺应喂养是指在顺应养育模式框架下发展起来的婴幼儿喂养模式。《中国居民膳食指南（2016）》中指出，顺应喂养要求父母应为孩子准备安全、有营养的食物，并根据婴幼儿需要及时提供；父母应负责为孩子创造良好的进食环境；至于宝宝吃什么、吃多少，则应由婴幼儿自主决定。在婴幼儿喂养过程中，父母应及时感知婴幼儿发出的饥饿或饱足的信号，充分尊重婴幼儿的意愿，耐心鼓励，决不能强迫喂养。

在顺应喂养的过程中，如果宝宝饿了或者饱了，家长要及时为宝宝提供食物或者停止喂食。家长要鼓励宝宝主动用语言或肢体语言表达自己要吃东西或者吃饱了的请求，让宝宝通过自身感受体会到饥饿和饱足，并逐渐对饮食饥饱有自控能力。

家长应该给宝宝选择食物的权利，宝宝吃哪种食物由他自己做主，不能因为自己的喜好而强迫宝宝去选择。对于宝宝不喜欢吃的食物，家长可以多尝试喂养并多鼓励宝宝吃，尽量保证食物多样化。同一种食材可以变换花样做给宝宝吃，增加宝宝对喜欢食物的兴趣。需要注意的是，家长不要对食物表现出自己的立场或者偏好，应该保持良好的饮食习惯，为宝宝做出表率，同时，不能因为宝宝爱吃某种食物或者拒绝某种食物而采取奖励或者惩罚措施。

另外，顺应喂养还应鼓励宝宝尝试着自己进食，无论以哪种方式进食，家长都应予以支持，对于年龄较小的宝宝，尤其应该支持他们采取手抓食物的方式进食，这样不仅培养了宝宝自主进餐的意识，还会增强宝宝对食物的兴趣，这也为他将来独立吃饭打下一个良好的基础。

第二章

6月龄，
宝宝可以吃辅食啦

给宝宝喂辅食有方法

宝宝刚开始添加辅食时，会不太习惯小勺吃东西，这是由于宝宝接触到新的喂食方式，而他的进食技能不足——还只会舔吮，因此，有的宝宝甚至会将食物吐出来或者拒绝接受食物。这个时候家长不要着急，应该继续喂食，让宝宝慢慢练习。例如，刚开始添加含铁米粉的时候，可以先用小勺舀起少量米糊，第一次从一小勺或者半勺开始，放在婴儿的一侧嘴角让其舔吮。喂食量不需要过多，第一天可以尝试喂1～2次，第二天和第三天可根据宝宝头一天的进食情况按同样的量喂1～2次，但不可增加过多，观察2～3天，如果宝宝没有出现不良反应，则可以继续喂养、适当增加食量或添加新的食物。

喂宝宝辅食时最好选择硅胶材质的勺子，而且不要将勺子直接塞进婴儿的嘴里，这样会让宝宝产生窒息感，产生不良的进食体验。

添加辅食后过敏怎么办

　　给宝宝添加辅食后，家长要观察宝宝对食物的反应，以便尽早发现是否有过敏现象。如果宝宝第二次或之后一见到某种食物就躲，或者很快出现抗拒，或者吃完出现恶心或呕吐、皮疹等，排除食物的味道和性状等因素，很可能就是宝宝对这种食物过敏或者不耐受。

　　添加辅食时要一种一种添加，每次添加一种新的食物至少坚持2~3天，不再加没吃过的食物，同时观察宝宝的接受状况。通过这种方法很容易发现食物过敏原。

　　如果已经确定宝宝对某种食物过敏，应暂停过敏食物至少3个月，同时到医院做进一步检查，了解过敏程度和是否有其他过敏的食物。只有完全回避过敏食物才能从根本减少过敏反应。

如何制作泥糊状辅食

 动物性食物

　　将猪肉、牛肉先切片或小块，煮熟后放入辅食机中绞成泥状。虾泥的制作方法与肉泥类似。

　　选取质地细致、肉多刺少的鱼类，如鲈鱼、鳕鱼等。先将鱼洗净煮熟或蒸熟，去鱼皮，并取鱼刺少肉多的部分，去掉鱼刺，将去皮去刺的鱼肉放入碗里用勺捣碎，再将鱼肉放入粥中或米糊等主食类辅食中，即可喂宝宝。一般开始时可先每日喂1／4勺试试。

　　由于鱼泥比蛋黄泥和肝泥更不易被宝宝消化，所以可以等宝宝7个月以后再考虑喂食，过早或过多喂宝宝鱼泥会导致消化不良。

　　在这里给家长一个建议，在给宝宝喂食菜泥时最好加点植物油，或者与动物性泥糊混合喂养，更有利于宝宝饮食多样化和营养素的吸收。

 **植物性食物**

　　菜泥应选取新鲜的绿叶蔬菜，择取嫩叶后用沸水略煮，捞出捣碎成泥，像土豆、胡萝卜、山药等洗净去皮后，切小块煮烂或蒸熟，然后压成泥状即可；对于水果类，像香蕉、猕猴桃之类质地软的水果可直接用小勺刮成泥糊喂食宝宝。

婴儿营养米粉

食材

强化铁的1段婴儿米粉适量

做法

将1小勺米粉放入小碗中，按产品说明上的用水量配比，加温水调匀，用小勺喂食。

胡萝卜米粉

食材

胡萝卜1/2根，婴儿米粉1/2大匙

做法

1. 胡萝卜洗净，去皮，切成小块。
2. 胡萝卜块煮熟，捞出，沥干水，用研磨器磨成泥。
3. 取1/2匙米粉，加适量温开水拌匀。
4. 加入1小匙胡萝卜泥与米粉拌匀即可。

苹果泥

食材

苹果1/2个

做法

1. 苹果洗净，削皮，取1/2。
2. 用磨泥器磨成泥。

怎样才能买到好吃的苹果

1.挑选苹果要注意看看有没有虫眼，或者小口腐烂的。另外，苹果并非越红越甜，要挑选有一丝丝条纹的，条纹越多越好吃。

2.苹果蒂如果是浅绿色，表示苹果摘下来的时间不长，比较新鲜。苹果蒂枯黄或者黑色的，表明已经摘下来很久。

3.苹果有天然的果香味，如果闻不到果香，最好不要买。

黄瓜泥/胡萝卜泥

食材

黄瓜、胡萝卜各1小段

做法

1. 把黄瓜和胡萝卜分别洗净，去皮。
2. 将黄瓜、胡萝卜放入榨汁机中，加适量的温开水，搅打成泥，混合均匀。

香蕉泥

食材

香蕉适量

做法

1. 将香蕉剥去外皮。
2. 用勺刮泥，直接喂给婴儿即可。若婴儿接受情况不太顺利，可加少许温开水稀释。

营养点评

香蕉属高热量水果，据分析，每100克果肉的热能达91大卡。香蕉富含碳水化合物，还含有钙、铁、磷等矿物质，其含有的维生素A能增强人体对疾病的抵抗力。中医认为，香蕉味甘、性寒，具有清热、润肺等功效。

奶香土豆泥

食材

土豆1/4个，配方奶粉适量

做法

1. 土豆洗净，去皮，切成片，上锅蒸烂。
2. 用勺将土豆片趁热研成泥状。
3. 加入适量配方奶粉，用小火边煮边搅拌，至黏稠即可。

营养点评

土豆可以作为蔬菜制作菜肴，亦可作为主食。土豆的蛋白质含量比一般主食高，不仅拥有人体所需要的氨基酸，特别是谷类缺少的赖氨酸，还拥有丰富的维生素，常吃土豆也可促进胃肠道蠕动。需要注意的是，切好的土豆不能长时间浸泡，以免造成水溶性维生素的流失。

06

菠菜泥

食材

菠菜2棵

07

做法

1. 菠菜洗净，切成小段。
2. 放入沸水中煮约1分钟，捞出沥干水。
3. 煮好的菠菜段和适量水放入辅食机，搅打成泥状即可。也可用刀剁成泥状。

营养点评

菠菜富含叶酸、类胡萝卜素、维生素C、维生素K、矿物质（钙质、铁质、镁等）、辅酶Q10等多种营养素。

08

苹果米汤

食材

米汤30毫升，苹果汁30毫升

做法

1. 米汤和苹果汁加热，混合均匀。
2. 凉温即可。

营养点评

苹果中营养成分可溶性好，易被人体吸收。苹果富含维生素C，还有铜、钠、钾、维生素A、胡萝卜素等元素。

大米糊

食材

白粥1大匙，米汤1大匙

做法

1. 将过滤后的白粥放入研磨钵。

2. 用研磨棒或小勺磨成泥，兑入适量米汤即可。

小贴士

有些家长为了省事，会把粥放到料理机里打碎成米糊。不建议家长这么做，因为米比较黏，粘在料理机某些部位不容易清洗，万一消毒工作做得不到位，很容易危害到宝宝健康。

豌豆泥

食材

豌豆1/2大匙

做法

1. 将豌豆煮熟，放在滤网上，用汤匙压碎。

2. 过滤出豌豆泥适量加入水，拌匀即可（也可将豌豆泥凉温后和米糊一起拌匀制成豌豆米糊）。

营养点评

豌豆中富含蛋白质和膳食纤维，能促进大肠蠕动，保持大便通畅，起到清洁大肠的作用，很适合便秘的宝宝食用。

鲜玉米米糊

11

食材

鲜玉米1小段

做法

1. 将鲜玉米棒上的玉米粒剥下，用清水洗净，放入榨汁机，加入少量水打碎，倒入滤网，去掉残渣。

2. 锅中放入适量水，将过滤好的玉米糊放入锅中，大火烧开，转小火，边煮边搅拌，煮至玉米糊呈黏稠状，关火，放温即可喂食。

黄瓜米糊

12

食材

黄瓜1小段，婴儿米粉适量

做法

1. 将黄瓜洗净，去皮切小丁，放入沸水锅内煮软，捞出沥干，再放入辅食机中打成泥。
2. 将婴儿米粉放入碗中，加入温开水，搅拌成米糊。
3. 放入黄瓜泥搅拌均匀。

猪肝泥

13

食材

猪肝1小块

做法

1. 猪肝用流水冲洗片刻，再在冷水中浸泡30分钟。
2. 取出再用流水冲洗，然后放入锅中煮熟后捞起。
3. 将熟猪肝用研钵捣成泥状。
4. 加入适量温水，调匀即可。

营养点评

肝脏是动物体内储存养料和代谢的重要器官，含有丰富的铁、维生素A等营养物质，具有营养保健功能，是最理想的补血佳品之一。

蒸肉末

猪瘦肉50克，水淀粉适量

1. 将猪瘦肉洗干净，用刀在案板上剁成肉泥，盛入碗内。
2. 加入水淀粉，用手抓匀，放置1～2分钟。
3. 把放瘦肉的碗放入蒸锅，蒸熟即可。

第三章

7月龄，混合辅食，
菜泥、果泥多样化

不要错过宝宝味觉发育敏感期

对于宝宝来说，凡是没有吃过的食物都是新鲜的、好奇的，他们并不会天生就对某种食物有什么成见。宝宝的味觉、嗅觉在6月龄到1岁这一阶段最灵敏，此阶段是添加辅食的最佳时机。宝宝通过品尝各种食物，可增强对很多食物味觉、嗅觉敏感性，也是宝宝从流食—半流食—半固体—固体食物的适应过程。经过这一阶段，在1岁左右时，宝宝已经能够接受多种口味及口感的食物。在给宝宝添加辅食的过程中，如果家长一看到宝宝不愿吃或稍有不适就马上心疼地停止喂养，不再让宝宝吃，这样便使宝宝错过了味觉、嗅觉及口感的最佳形成和口腔肌肉发育机会，不仅造成断奶困难，而且容易导致日后挑食或厌食。

增加含铁量高的食物

宝宝体内储存的铁只能满足出生后6个月以内生长发育的需要。6个月以后的宝宝活动量增加，对营养素的需求，尤其是铁的需要量也相对增加，如不能及时供应足量的铁，就会发生缺铁性贫血。铁是制造血色素的原料，由于宝宝是以含铁量较低的乳类食品为主，如不能及时添加含铁高的辅助食品，宝宝将摄取不到充足的铁质，造成体内缺铁。7~9个月的宝宝，免疫功能尚未发育成熟，抵抗力差，容易引发感染，特别是消化系统感染，引起腹泻、呕吐，会影响铁和其他营养成分的吸收，也会导致体内铁量不足。因此，这个阶段的宝宝，随着消化能力的逐渐增强、乳牙的萌出，应继续增加含铁丰富的辅食，以补充机体内所需的铁，预防缺铁性贫血的发生。

含铁较丰富的食物有动物性食物和植物性食物两大类。动物性食物中的铁易于吸收，如动物血（猪血、鸡血）、猪肝、羊肝、牛肉、猪肉等不仅含铁量高，而且吸收率可高达20%以上，家长应给宝宝补充肝泥、肉泥、蛋黄等食品，每周7天交替进食。植物性食物中的绿叶蔬菜、豆类等含铁都较多，但吸收率较低，只能吸收含铁量的1%左右。水果和蔬菜中含有丰富的维生素C，维生素C有助于铁的吸收，因此，家长应给宝宝补充含铁量高的动物性食物，同时也要吃含铁和维生素C较高的蔬菜和水果。

对由于各种原因未能按时添加辅食的宝宝，或添加辅食较少的宝宝，家长应注意给宝宝补充正规厂家生产的铁强化辅食，以满足宝宝对铁的需要。

青菜面糊

食材

青菜叶3~4片，儿童颗粒面适量

做法

1. 青菜叶洗净切碎。
2. 锅中放水，大火烧开，下入儿童颗粒面，加入碎青菜叶。
3. 中火将颗粒面煮熟后即可关火，盖锅盖焖5分钟。

01

小贴士

初次给宝宝喂面条最好选用儿童专用的颗粒面，如果是普通的面条，一定要弄得细碎一些，要等到八九个月时，才能喂给宝宝稍完整些的面条。

蛋黄泥

食材

鸡蛋1个

做法

1. 将鸡蛋洗净，放入锅中煮熟，取出略凉后剥壳取出蛋黄。

2. 取1/4个蛋黄，加入少许温开水，用匙捣烂调成糊状即可。

小贴士

少数婴儿（约3%）会对蛋黄过敏，如起皮疹、腹泻、气喘等，若喂食过程多次出现这样的情况，要暂停喂蛋黄及蛋黄类辅食，过3个月后再次尝试添加。

02

枣泥

食材

红枣3粒

做法

1. 红枣洗净，倒入锅中加水煮烂。
2. 将煮得烂熟的枣捞出置于盆中，剥皮去核，碾成枣泥即可。

营养点评

枣味甜，含有丰富的维生素C和核黄素。另外，中医认为，枣有养胃、健脾、益血、滋补、强身之效。

小贴士

制作时一定要把皮和核去净，婴儿食道较娇嫩，以免被硌到。枣泥吃多了容易上火，一次不要吃得太多，也不要吃得太频繁，每周不要超过两次。

03

04

苹果红薯泥

食材

红薯50克，苹果50克

做法

1. 红薯洗净，去皮，切薄片，入锅煮软，捞出。
2. 苹果洗净，去皮，去核，切薄片，入锅煮软，捞出。
3. 将煮软的红薯与苹果混合，碾碎，搅拌均匀即可。

小贴士

制作时可将红薯和苹果煮得久一点儿，尽量煮烂。不要给婴儿吃太多，红薯吃多容易胀气，可以与其他主食类的辅食交替食用。

卷心菜泥

食材

卷心菜叶数片

做法

1. 卷心菜叶洗净，入沸水中氽烫。
2. 将烫熟的卷心菜叶捞出，与适量温水一起放入辅食机搅打成泥状即可。

猕猴桃泥

猕猴桃1/4个

做法

1. 猕猴桃去皮。
2. 取1/4个，用研磨器磨成泥糊状即可。

营养点评

猕猴桃含有丰富的维生素、果糖、柠檬酸、苹果酸和膳食纤维。它富含的维生素C可强化免疫系统，促进伤口愈合和对铁质的吸收；富含的钾、维生素E、叶酸，可补充大脑所需要的营养。

06

肝末土豆泥

食材

新鲜猪肝30克，土豆半个，高汤适量

做法

1. 将新鲜猪肝洗净，除去筋、膜，剖成两半，用斜刀在肝的剖面上刮出细末。

2. 加入少量水，调成泥状，隔水蒸8分钟左右。

3. 将土豆洗净，削去皮，切成小块，煮至熟软，盛出后用小勺捣成泥。

4. 锅内加入适量清水，把猪肝和土豆泥一起放入锅中，边煮边搅拌，大约5分钟后关火即可。

鱼泥

08

食材

净鱼肉50克（鳕鱼、小黄鱼
等均可）

做法

1. 将收拾干净的鱼肉研碎。
2. 用干净的纱布包住碎鱼肉，
挤去水分。
3. 将鱼肉放入锅中蒸熟即可。

小贴士

要用新鲜的鱼做原料，且一定要将鱼刺和
鱼皮除净。由于婴儿吞咽功能还不够完善，
刚开始做鱼泥时先不要给宝宝吃鱼皮。

09

玉米面糊

食材

玉米面适量，西蓝花花头1～2朵

做法

1. 取西蓝花花头，洗净后用水焯一下，捞出待用。
2. 将西蓝花花头剁成泥状，待用。
3. 锅中放水烧开，改小火，将玉米面放入，顺时针搅拌3～5分钟。
4. 放入剁好的西蓝花泥，煮熟即可。

白粥

食材

大米2大匙

做法

1. 大米洗净，备用。
2. 加入适量水，用大火煮滚后转小火煮成黏糊的粥即可。

二米粥

食材

大米2大匙，小米1大匙

做法

1. 两种米洗净，备用。
2. 加入适量水，用大火煮滚，转小火煮成粥即可。

营养点评

小米含有多种维生素、氨基酸和碳水化合物，营养价值较高。与大米一起煮粥，营养更全面。

12

菠菜鱼肉粥

食材

大米1小把，菠菜叶、净鱼肉（青鱼、鲈鱼、鳕鱼等均可）各适量

做法

1. 将大米淘洗干净；菠菜洗净，入开水余烫片刻，捞出，切碎，研成泥。
2. 净鱼肉上锅蒸熟，剔去鱼皮和鱼刺，压成泥。
3. 大米加水煮开，换小火熬煮至熟，加入菠菜泥和鱼泥，边煮边搅拌，再煮2分钟左右即可。

小贴士

制作时必须把鱼刺和鱼骨挑干净，并且去掉鱼皮；菠菜需焯水，可除去菠菜中的草酸。

鸡蓉山药粥

食材

山药30克，大米50克，鸡胸肉10克

做法

1. 将大米淘洗干净，放在水里泡2小时左右。

2. 将鸡胸肉洗净，剁成泥，放到锅里蒸熟。

3. 将山药去皮洗净，切块，放入锅中蒸熟，用勺压成泥状，待用。

4. 将鸡肉泥、山药泥放入粥里，边煮边搅拌，再煮5分钟左右即可。

营养点评

山药含有碳水化合物、维生素、氨基酸和淀粉酶，其中能够分解淀粉的淀粉糖化酶有促进消化的作用，在胃胀时食用，可缓解不适症状。常食用山药，有利于改善脾胃消化吸收功能。

13

14

鳕鱼牛奶粥

食材

鳕鱼肉100克，配方奶适量

做法

1. 将鳕鱼肉剔除鱼刺、鱼骨，去皮，上锅蒸熟。

2. 将蒸熟的鱼肉用勺子碾碎。

3. 将鱼肉放在小锅里，加入适量调配好的配方奶，稍煮片刻即可。

第四章

8月龄，
食物品种更加丰富，
变着花样吃肉食

宝宝添加肉食从肉末开始

这个阶段的宝宝吃的肉可以从肉泥升级到肉末了，但刚刚添加肉末时妈妈要仔细观察，注意宝宝的大便和食欲情况，看有无不消化或者积食的现象，有积食可先暂停喂食。

在制作肉食时，取一小块猪里脊肉或牛肉、鸡肉，用刀在案板上剁碎成泥后放入碗里，入蒸锅蒸至熟透即可。也可以从炖熟的鸡肉或猪肉中取一小块，放在案板上切碎。将蒸熟的肉末或切碎的熟肉末放入米中煮成肉粥，或将熟肉末加入已煮好的米粥中，用小勺喂宝宝。

如何为宝宝选择肉食

在日常饮食中，畜肉是大家选择得最多的肉食，但从蛋白质的含量来说，肉类中鱼肉的蛋白含量第一，其次才是禽肉、畜肉。对于刚刚添加辅食的婴儿来说，可几种肉类适当地交替进食。鱼肉和禽肉的肉质较嫩，也容易熟，而畜肉相对来说较硬，尤其是牛肉更不容易炖烂，烹饪中需时间更长，且要捣烂，并从少量开始添加，以利于宝宝消化。

鱼肉的最大特点就是高蛋白、低脂肪，100克鱼肉所含脂肪不足2克，即便优质脂肪酸含量最多的挪威鲑鱼，其所含的热量也比猪排少一半。鱼肉中含有多种不饱和脂肪酸，婴幼儿多食鱼肉可强健大脑和神经组织，并且有助于视力发育。

畜肉中猪肉的蛋白质含量最低，脂肪含量最高。相对于畜肉，禽肉则是高蛋白、低脂肪的食物，它的很多脂类物质存在于鸡皮上，去皮后的鸡肉热量较低（鸡翅除外），因此，不建议给孩子吃鸡皮。

通过对比，我们知道了吃鱼肉比吃禽肉、畜肉更利于健康，但这并不意味着我们应该只吃鱼肉，而不吃禽肉和畜肉。在这里建议家长可以让宝宝多吃几顿鱼，也可以吃禽肉代替畜肉，但畜肉也要适量摄入。对于肉类的具体搭配，家长可根据宝宝的实际情况进行合理安排。

宝宝不宜吃肉松

肉松属于精加工的肉类，虽然可能不含亚硝酸盐，但加工过程中可能会造成维生素的破坏。肉松在制作过程中，需要加入酱油、糖、脂肪等，含有较高的热量和盐。另外，肉松的原料具有不安全的因素。因此，不建议婴儿吃市售肉松，幼儿也应少吃肉松。考虑到婴幼儿的特殊性，最好还是吃新鲜现做的肉类和成品辅食肉泥，1岁以上可吃自制肉松。烤熏香肠在1岁以内最好不吃，1岁以上也应少吃。

宝宝辅食要注意饮食卫生和进食安全

在为宝宝制作辅食时，应选择新鲜、优质、无污染的食物，确保饮食安全。WHO推荐食品安全的五大要点为：保持清洁、生熟分开、做熟、保持食物的安全温度、使用安全的水和原材料。

除了在食材的选择上要注意安全，在辅食的制作过程中也同样要注意卫生问题，比如，制作辅食之前应洗净双手，宝宝用的厨具、餐具等要保持清洁，制作生熟食物的厨具要分开，避免交叉污染。另外，蔬菜、米粉等宝宝的辅食要按需制作，如果没有吃完的辅食应该丢弃，不可让宝宝下顿食用。肉类辅食可以按量分好，放入辅食盒中冷冻起来。

让宝宝练习吃的本领

让宝宝练习咀嚼

出生后6～12个月要让宝宝学会咀嚼，接受固体食物，这样才有利于宝宝口腔和消化系统的发育。让宝宝练习咀嚼可使其牙龈得到锻炼，利于乳牙萌出。1岁前未学会咀嚼固体食物的宝宝牙龈发育不良，咀嚼能力不足，未养成吃固体食物的习惯，就会拒绝吃干的东西。如果所有淀粉类都做成糊状，不经咀嚼便咽下，一来未经口腔唾液淀粉酶的消化，二来半固体食物占去胃的容量，会使奶和其他食物的摄入量减少，不利于宝宝生长发育。

锻炼咀嚼小方法

给宝宝1根手指饼干，妈妈自己也拿1根，用牙咬去一点儿，慢慢咀嚼。

妈妈的动作会引起宝宝模仿，宝宝也会咬一小口，学着用牙龈去咀嚼。宝宝即使未萌出乳牙，或只有下面两颗小门牙，但他的牙龈也有咀嚼能力，能将饼干嚼碎咽下。有些宝宝不会咀嚼，咬下饼干后会用唾液浸泡软后直接咽下。有时由于浸泡不均，部分未泡软的饼干会引起呛噎，因此妈妈要时刻关注宝宝的举动。妈妈可多次示范，用夸张的咀嚼动作引起宝宝的兴趣，使宝宝学会咀嚼。

学习捧杯喝水

让宝宝练习用杯子喝水，提高自理能力，为将来用杯子喝奶打基础，否则1岁以上用杯喝奶的能力弱。用高的纸杯或有2个把手的杯子，杯底放少许凉开水，由大人托着杯底，让宝宝双手捧着杯的两侧练习喝水。

让宝宝学会拿勺子

这个阶段的宝宝喜欢伸手去抓勺子，平时喂辅食时可以让宝宝自己拿一个勺子，让他随便在碗中搅动，有时宝宝能将食物盛入勺中并送入嘴里。要鼓励宝宝自己动手吃东西，自己用手把食物拿稳，为自己拿勺子吃饭做准备。宝宝从10个月左右学拿勺子，到1周岁时可以自己拿勺子吃几勺饭，1岁半左右就能完全独立吃饭了。

豆腐泥

01

食材

豆腐1小块

做法

1. 豆腐煮至熟后，捞出，沥干水分。
2. 将豆腐放入碗中，用汤匙压成泥状。

营养点评

豆腐里的蛋白质含量高且全面，使之成为谷物很好的补充食品。豆腐所含脂肪的78%是不饱和脂肪酸并且不含有胆固醇，素有"植物肉"之美称。豆腐的消化吸收率达95%以上。另外，豆腐还富含钙，可以作为钙的补充来源。

西蓝花奶泥

食材

西蓝花3小朵，配方奶、玉米粉各适量

做法

1. 将西蓝花洗净，放入水中焯一下，捞出，切成小块，放入锅中，煮软压碎。

2. 配方奶放入锅中加热，并加入西蓝花泥煮开，最后将玉米粉倒入，边煮边搅拌，煮至黏稠即可关火。

营养点评

西蓝花营养丰富，含有膳食纤维、胡萝卜素、维生素B_1、维生素B_2、维生素C等，尤以维生素C的含量，在蔬菜中名列前茅。西蓝花质地细嫩，味甘鲜美，容易消化，很适合宝宝食用。

鸡肉南瓜糊

食材

鸡胸肉1块，南瓜1块

做法

1. 鸡胸肉洗净，切成小丁，放入锅中煮熟。
2. 南瓜去皮，切成小块，放入锅中蒸软。
3. 把南瓜和鸡肉放入辅食机中，倒入适量温开水，打成稠糊状即可。

04

猕猴桃奶昔

食材

猕猴桃1个，配方奶适量

做法

1. 先将猕猴桃洗净、去皮、用勺子压碎。
2. 将猕猴桃碎加入冲好的配方奶，在搅拌机中搅匀即可。

鸡肉蔬菜粥

食材

大米1小把，鸡脯肉、应季蔬菜各适量

做法

1. 应季蔬菜洗净，剁碎；鸡脯肉洗净，切片，放入开水中煮熟，捞出，剁碎。
2. 大米淘洗干净，与适量清水一起放入锅中，煮沸后转小火熬煮15分钟。
3. 加入时蔬碎和鸡肉末，继续熬至粥黏稠软烂即可。

南瓜糙米糊

06

食材

南瓜1小块，糙米1小把

做法

1. 糙米洗净，加水浸泡2小时；将南瓜去皮去籽，洗净后切小块。
2. 将浸泡好的糙米和南瓜块一起放入锅中，加水煮成粥。
3. 将熬好的粥倒入辅食机中打成泥糊状即可。

莴笋大米粥

07

食材

莴笋1小段，大米1小把

做法

1. 莴笋去皮，洗净，切成小块，放入辅食机中打成泥糊状。
2. 大米洗净，放入锅中，煮至软烂。
3. 把莴笋糊放入锅中再次煮开即可。

营养点评

莴笋的根茎富含钾，但莴笋叶却富含β-胡萝卜素、维生素C，因此建议家长在为宝宝制作辅食时可以适量放一些，不要丢掉莴笋叶。

鱼泥粥

食材

大米1小把，三文鱼适量

做法

1. 三文鱼洗净，煮熟，切碎。
2. 大米洗净，备用。
3. 锅中加入适量水，放入大米，用大火煮滚，转小火煮成粥，放入切碎的三文鱼碎即可。

营养点评

三文鱼肉质紧密鲜美，油脂丰富，肉色为粉红色并具有弹性。三文鱼有较高的营养价值，不仅蛋白质含量丰富，还含有较多DHA等优质不饱和脂肪酸，这些营养成分有利于宝宝大脑及视力发育。

09

鸡肉蔬菜面

食材

鸡胸肉50克，胡萝卜1小段，菠菜2棵，儿童面条、植物油各适量

做法

1. 鸡肉洗净，剁碎。

2. 胡萝卜、菠菜洗净，切碎，一起入沸水锅煮熟。

3. 热锅入油，放入鸡肉煸炒至熟，加水，开锅后下入面条，面条快熟时加入胡萝卜和菠菜，稍煮片刻捞出搅碎即可食用。

猪肝蔬菜粥

食材

大米2大匙，猪肝50克，菠菜1棵

做法

1. 猪肝洗净，切成薄片，蒸熟，切末。菠菜洗净，用开水焯一下，切末备用。大米洗净，备用。

2. 大米入锅，用大火煮滚后改为小火煮成粥，放入猪肝末、菠菜末熬煮片刻即可。

胡萝卜肉末粥

11

食材

小米50克，猪瘦肉末30克，胡萝卜20克，植物油适量

做法

1. 胡萝卜去皮洗净，切成小碎末，备用。
2. 锅中放入少量植物油，烧热后放入肉末煸炒至变色，再加入胡萝卜炒至断生，盛出，备用。
3. 小米淘洗干净，加清水中浸泡30分钟备用。
4. 锅内放入小米和适量清水，大火煮沸后转小火煮20分钟。
5. 将肉末胡萝卜放入粥中继续熬煮至粥软烂即可。

12

冬瓜肉末面

食材

冬瓜50克，熟肉末50克，儿童面条、高汤各适量

做法

1. 冬瓜洗净，去皮切块，在沸水中煮熟后切成小块备用。

2. 将面条置于沸水中，煮至软熟后捞出。

3. 将熟肉末、冬瓜块放入高汤中，大火煮开，加入面条，小火焖煮至面条烂熟即可。

第五章

9月龄，爱上稠粥、软饭和烂面条

宝宝的辅食要升级并多样化

人类的食物有成千上万种，但就其主要营养素的成分而论，为蛋白质、脂肪、碳水化合物、维生素、矿物质和水6种，这是维持人类生存繁衍的六大营养物质。每种营养素各有不同的作用，每一种食物都是由多种营养素组成的。由于各种食物所含的营养素并不相同，所以每种食物的营养价值也不相同，例如大米含淀粉多，它的主要营养功能是供给热量，而绿叶蔬菜含维生素、叶酸较多，是补充人体维生素的重要来源。由于任何一种天然食物都不能提供宝宝所需的全部营养素，因此，吃大米饭的同时，还要搭配吃其他的食物，如菜、肉、蛋、盐、油等，即要吃混合膳食。只有多种食物组成的混合膳食，才能满足宝宝对各种营养素的需要，实现营养合理均衡。

多样化食物包括四大类：谷类和薯类；肉、鱼虾、禽、蛋、大豆类；奶及奶制品；蔬菜和水果类。在每日每餐膳食中最好都包括以上四类食品，同一类食物的品种轮流选用，注意多样化，各种食物都要吃，还要把几种不同功用的食物搭配得当、制作适宜。其中要注意动植物食品搭配、荤素菜搭配、粗细粮搭配、干稀搭配、生熟搭配，以及注意食物的色、香、味。

要根据宝宝的年龄大小选择食物，例如随着消化能力的增强，八九个月的宝宝除大米粥及烂面条以外，还可加些燕麦、糙米等杂粮制作的粥；烤馒头片、饼干及面包片为乳牙的萌出和口腔的成熟提供重要的发展机会；肉类食品

（鱼、肝、鸡肉馅、猪肉末以及质量好的肉松）均可拌入饭中给宝宝喂食。宝宝每天还应吃一个蛋黄及适量的水果泥、菜汤、果汁。

随着食物种类的增多，摄入量的增大，多样化食物将会给宝宝身体提供所需的营养素和能量，满足其生长和发育的需要。

如何判断宝宝是否缺铁

大多数缺铁的宝宝发病缓慢，易被家长忽视，等到医院就诊时多数病儿已发展为轻中度缺铁性贫血。因此，家长一定要注意观察婴儿早期贫血的表现，并定期带宝宝进行体检，以便早期发现、早期治疗。临床病例证实，医生检查出异常之前宝宝即可出现乏力、烦躁不安、对周围环境不感兴趣，有的宝宝可有面色苍白、食欲减低、体重不增、黏膜变得苍白等表现。如果发现宝宝出现了以上异常的精神或行为表现，建议带宝宝去医院做一下红细胞和血红蛋白的检查，看看各项指标是否正常，以明确宝宝是否存在缺铁性贫血。

肝粒蛋羹

食材

鸡蛋1个，鸡肝1块

做法

1. 鸡肝洗净，切成薄片，蒸熟。
2. 将熟鸡肝片切成小粒备用。
3. 将鸡肝粒加入蛋黄和少许凉开水，搅拌均匀。
4. 用中大火蒸约8分钟即可。

小贴士

动物肝脏买回来之后应先用清水冲洗几分钟，然后放在水中浸泡30分钟，最后蒸熟或煮熟即可。

水果蛋羹

食材

鸡蛋1个，应季水果适量

做法

1. 将水果切成小粒，备用。
2. 将水果粒、蛋黄和少许凉开水放在一起，搅拌均匀。
3. 用中大火蒸约8分钟即可。

02

小贴士

水果蛋羹中的水果可以根据季节选择应季的水果，并依宝宝的喜好随意更换。

03

绿豆粥

食材

绿豆1大匙，大米2大匙

做法

1. 大米、绿豆洗净，绿豆提前浸泡2小时备用。
2. 加入适量水，用大火煮滚，转小火煮成粥即可。

营养点评

绿豆中所含蛋白质、磷脂均有兴奋神经、增进食欲的功能。绿豆还有清热解毒的作用，宝宝在天气炎热的时候可适当食用。

红薯粥

食材

大米2大匙，红薯50克

做法

1. 大米洗净，备用。
2. 红薯洗净、去皮，切成小块。
3. 锅中加入适量水，放入大米和红薯，用大火煮滚，转小火煮成粥即可。

小贴士

选购红薯时，要挑外表光滑的、类似纺锤形状的红薯，已经发芽且表面凹凸不平的不宜选购。若红薯表面有腐烂状的黑色小洞或者表面有疤痕不宜购买。

双黄蒸豆腐

05

食材

鸡蛋1个，鸭蛋1个，嫩豆腐100克

做法

1. 将鸡蛋和鸭蛋洗净，放入沸水中煮熟，取出，剥去壳，取出蛋黄，用小勺研成泥。
2. 嫩豆腐捣成泥，入蒸锅大火蒸5分钟左右。
3. 将蛋黄撒在豆腐上，搅拌均匀即可。

南瓜拌饭

06

食材

南瓜1小块，大米1小把，白菜叶2片，高汤适量

做法

1. 南瓜去皮，取一小片切成碎粒；白菜叶洗净，用开火焯一下，捞出，切碎。
2. 大米洗净，放入锅中，加水煮，待水沸后加入南瓜粒，煮至米、瓜软烂，再加入白菜碎，与粥拌匀，关火即可。

07

豆腐软饭

食材

大米50克，豆腐100克，青菜50克，清淡肉汤（鱼汤、鸡汤、排骨汤均可）适量

做法

1. 将大米淘洗干净，加适量清水，放入电饭锅蒸成软饭，待用。

2. 青菜择洗干净，切碎；豆腐用清水冲一下，入沸水煮片刻，取出切成末。

3. 米饭放入锅内，加入适量清淡肉汤，一起煮软，加豆腐末、碎青菜稍煮即成。

高汤豌豆粥

材料

鲜豌豆50克，胡萝卜1小块，米饭、高汤各适量

做法

1. 胡萝卜切丁，连同豌豆一起放入开水中，将豌豆、胡萝卜煮软。

2. 捞出豌豆，用刀面压烂，然后将高汤放入锅中烧开，放入碎豌豆、胡萝卜丁、米饭，小火边煮边搅拌，煮到汤黏稠即可关火。

苹果桂花羹

食材

苹果50克，米粉50克，配方奶、干桂花各适量

做法

1. 苹果洗干净，用榨汁机打成苹果泥。

2. 将苹果泥、适量干桂花、米粉放入锅中，加适量清水，煮成糊即可。

09

山药红豆汤

食材

山药50克，红豆50克

做法

1. 将红豆洗净，提前一夜用清水浸泡；山药洗净去皮，切小粒。
2. 将红豆入锅，加适量清水，大火煮开后转小火煮20分钟，再加入山药粒继续煮10分钟即可。

苹果香蕉粒

食材

苹果1/4个，香蕉半根。

做法

1. 苹果洗净，去皮，切成小丁。
2. 将苹果放入锅中，蒸软，取出。
3. 香蕉剥去外皮，捣碎，和苹果一起搅拌均匀即可。

菠菜牛肉面线

食材

菠菜2棵，牛肉20克，面线适量

做法

1. 菠菜洗净，用开水焯一下，切碎，备用。

2. 牛肉洗净，剁成肉末。

3. 锅中放少量植物油，油热后放入牛肉末，待肉炒熟后盛出备用。

4. 另起锅，加入适量水，开锅后放入面线。

5. 转小火稍煮片刻，加入牛肉末，煮5～6分钟，再加入菠菜末，稍煮片刻即可。

13

小白菜鱼肉汤

食材

小白菜2棵，鱼肉30克，高汤适量

做法

1. 小白菜洗净，切碎；鱼肉洗净，切碎。
2. 高汤入锅煮沸，放入切碎的鱼肉，再煮沸，下入小白菜碎，煮2分钟即可。

14

香菇鸡肉软饭

食材

新鲜香菇2朵，鸡胸肉50克，大米30克

做法

1. 香菇洗净，去蒂，切小丁；鸡胸肉洗净，切小丁。
2. 大米洗净，放在炖锅内，加入香菇丁、鸡肉丁及适量清水。
3. 打开炖锅开关，煮熟后继续焖15分钟即可。

小贴士

鸡肉也可以先加植物油炒至入味再放入电饭锅内。

鸡蛋面

15

食材

鸡蛋1个，青菜、儿童面条各适量

做法

1. 鸡蛋打散，搅拌均匀；清菜洗净，切碎备用。
2. 锅里放水，待水烧开后加入儿童面条。
3. 待儿童面条快煮好时，淋入鸡蛋液。
4. 待鸡蛋煮熟后加入青菜碎，盛出即可。

蛋黄馒头干

食材

1厘米厚的馒头片1片，鸡蛋1个

做法

1. 将馒头片切成1厘米宽的长条。

2. 鸡蛋取蛋黄，将蛋黄打散，均匀地裹在馒头条上。

3. 把馒头条放在电饼铛、煎锅或者烤箱里略烤一会儿，感觉表层干了便取出。凉凉后让宝宝拿着吃。

16

第六章

10月龄，
出牙的宝宝
更爱吃饭了

营养决定宝宝牙齿健康

　　宝宝在这个月龄基本上都已经长出乳牙了。每个宝宝乳牙萌出的时间不太一样，早一点儿的4个月左右就会长出第一颗乳牙，而晚一些的可能要到10个月左右。通常情况下，5～10个月时宝宝会萌出2颗乳牙，6～14个月时萌出8颗乳牙，10～17个月时萌出12颗，18～24个月时萌出16颗，20～30个月时萌出20颗；恒牙在6岁左右开始萌出。

　　宝宝的牙齿发育要经过生长期、钙化期和萌出期。乳牙在胎儿期就已经开始发育和钙化，而营养决定宝宝牙齿组织的生化结构。因此，如果新妈妈在怀孕期间饮食营养均衡，矿化良好的牙齿抗龋性就高，宝宝发生龋齿的概率就会降低。

　　婴幼儿期是宝宝乳牙和恒牙硬组织的形成和矿化时期，宝宝如果出现营养素摄入不足的现象就会影响牙齿的发育，如果宝宝牙齿钙化不全，釉质和牙本质的致密度不高，牙齿的抗龋性就低，很显然，抗龋性低的牙齿容易发生龋齿。

　　由此可见，宝宝的健康对牙齿的发育至关重要。从宝宝添加辅食开始，就要让宝宝营养摄入均衡，注意清洁牙齿，这样不仅有利于身体发育，也会让宝宝长出一口健康的好牙齿。

让宝宝吃点磨牙食品

婴儿期，宝宝的乳牙不断萌出，在乳牙向外生长的过程中，会刺激到牙龈，使牙龈出现充血、红肿等现象，很多宝宝会因为牙床又痒又疼而哭闹，还有的宝宝甚至会出现低热的情况。

宝宝在乳牙萌出期间，可以为宝宝准备一些磨牙食品。月龄较小就萌出乳牙的宝宝，妈妈可以将消毒纱布缠在手指上为宝宝擦洗牙床，可以缓解牙床痒痒；对月龄较大的宝宝，家长可以去母婴专卖店为宝宝购买牙胶，或者购买、制作一些磨牙饼干让宝宝磨磨牙。

为宝宝准备一些"手抓食物"

宝宝10月龄开始，家长可以为宝宝准备一些"手抓食物"，这样做的目的是鼓励宝宝自喂食物，为以后自己吃饭做准备。在制作"手抓食物"的时候，应便于婴儿用手抓捏。刚开始尝试"手抓食物"时，可以准备一些较软的手抓食物，如香蕉块、煮熟的土豆条和胡萝卜条、面包片、撕碎的鸡肉丝等，等宝宝适应了这些食物的时候，可以准备稍微硬一些的食物，如黄瓜条、苹果片等。

宝宝出牙期的护理工作很重要

前面已经提到营养均衡对宝宝牙齿的健康很重要，在饮食均衡的前提下，家长还应根据宝宝的实际情况护理好宝宝的牙齿。

注意口腔清洁

宝宝进食后，家长应及时让宝宝用清水漱口，晚上睡觉前家长可以用纱布或者棉签蘸水为宝宝擦拭牙龈和乳牙。乳牙萌出数量较多的宝宝应该早晚刷牙。

磨牙食物很重要

根据宝宝乳牙的萌出情况，家长应该给予适当的磨牙食品，通过咀嚼的练习，促进宝宝牙齿及颌骨的发育。

注意补充营养素

　　宝宝缺乏钙、磷，或者维生素D摄入不足时，会影响到宝宝牙齿的发育。家长应多带宝宝晒太阳，并通过母乳、配方奶、辅食等多种渠道促进宝宝钙、磷等营养素的吸收。

01

三文鱼蒸蛋

食材

三文鱼20克，鸡蛋1个

做法

1. 将三文鱼洗净，切丁。
2. 将鸡蛋打散成蛋液，加入三文鱼以及适量温水，隔水蒸熟后即可。

卷心菜蒸蛋豆腐

食材

卷心菜嫩叶少许，蛋黄1个，豆腐1小块

做法

1. 将卷心菜叶洗净后切碎备用。
2. 豆腐与蛋黄拌成泥糊状，加入两倍体积的水，再加入卷心菜。
3. 入锅蒸熟即可。

02

奶白菜粥

食材

大白菜嫩叶1～2片，大米30克，配方奶适量

做法

1. 将大白菜嫩叶洗净，入沸水中煮熟，捞出，切碎备用。
2. 大米煮成粥，放入大白菜叶、配方奶煮沸即可。

肉末蔬菜粥

食材

大米50克，猪瘦肉20克，绿叶蔬菜、植物油各适量

做法

1. 大米淘洗干净；取新鲜绿叶蔬菜洗净，入开水中焯一下，捞出，切碎。
2. 瘦肉洗干净，剁成末。
3. 锅中放少量植物油，将肉末和青菜碎一起炒熟。
4. 锅内加适量清水，放入大米，煮开，改小火熬煮至大米炊烂。
5. 放入青菜碎和肉末，边煮边搅拌，大约煮3分钟即可。

鸡蛋胡萝卜磨牙棒

食材

面粉50克，胡萝卜半根，鸡蛋1个，配方奶适量

做法

1. 胡萝卜洗净，切块，上锅蒸熟，碾压成泥。

2. 将鸡蛋加入面粉中，加适量清水混合，然后加入胡萝卜泥，揉成面团。

3. 将面团擀压成厚约1厘米的长方形面片，然后切成条状，放入烤箱中烤至表面微黄即可。

小贴士

烤箱温度在200℃～230℃，烘烤时间在10～12分钟，不宜过长。

05

肉末茄子

瘦猪肉50克，茄子1个，植物油适量

1. 茄子洗净，去皮，切成丁；瘦猪肉洗净，剁成末。
2. 油热后下入茄丁，翻炒至茄丁发黄，盛出备用。
3. 锅中放少量植物油，下入肉末翻炒，至肉末颜色发白时加入茄丁和少许水。小火焖3分钟即可出锅。

07

鸡肉西蓝花面

食材

鸡胸肉40克，西蓝花40克，细面条50克，高汤适量

做法

1. 西蓝花洗净，择成小朵；鸡胸肉切成丝。

2. 高汤放入锅中加热，再放入西蓝花、鸡肉，一起煮至熟软。

3. 下入细面条段，煮熟后盛出即可。

西葫芦鸡蛋饼

食材

鸡蛋1个，西葫芦、面粉、植物油各适量

做法

1. 西葫芦洗净，切成细丝。

2. 鸡蛋打散，加入西葫芦丝和面粉，搅打均匀。

3. 锅烧热，倒入少许油，将鸡蛋糊倒入，平摊成饼。

4. 小火将蛋饼两面煎熟。

营养点评

西葫芦含有较多维生素C、碳水化合物等营养物质。中医认为，西葫芦具有清热利尿、除烦止渴、润肺止咳、消肿散结等功效。

洋葱炒牛肉

食材

牛肉50克，鸡蛋1个，洋葱、植物油各适量

做法

1. 牛肉剁成末；洋葱去皮，洗净，切成丁。
2. 牛肉中加入鸡蛋，搅拌均匀。
3. 油锅烧热，放入牛肉末煸炒至牛肉变色，再加入洋葱继续煸炒。
4. 加入适量清水，至洋葱软烂即可。

营养点评

牛肉营养丰富，富含蛋白质、维生素A、B族维生素、铁等，患缺铁性贫血的宝宝可以每周吃4~5次。但是牛肉要比猪肉硬，因此在制作的过程中家长一定要将牛肉切碎炖烂，而且一次不宜摄入过多，以防消化不良。

09

紫菜豌豆羹

食材

鲜豌豆50克，紫菜20克

做法

1. 将豌豆洗净，蒸熟，用勺子研成末备用；紫菜撕成小碎末。
2. 锅中加少量水，烧开后放入豌豆末，撒入紫菜末，拌匀即可。

10

鳕鱼青菜豆腐羹

食材

鳕鱼50克，豆腐1小块，青菜
适量

___

做法

1. 将鳕鱼、青菜、豆腐均洗
净、切碎。
2. 将所有食材放入水中煮熟
即可。

11

小馄饨

食材

去筋鱼肉20克，馄饨皮若干，香油适量

做法

1. 去筋鱼肉洗净，剁碎，淋入几滴香油，搅匀。
2. 将鱼肉包入馄饨皮中。
3. 将包好的馄饨放入开水中煮熟即可。

小贴士

鱼的侧面皮下各有一条白筋，这是鱼腥味的来源地，由于婴儿的食物不宜使用调味品，因此在处理鱼肉时可以将这两条白筋抽干净，这样可以有效地去除鱼腥味。

13

白菜馅小饺子

食材

白菜100克，胡萝卜1/3根，肉馅50克，葱末、姜末、香油、饺子皮各适量

做法

1. 白菜、胡萝卜切碎，把白菜中多余的水分挤掉。
2. 葱末、姜末和肉馅放在一起搅拌均匀，加入香油调好味道。
3. 在肉馅中倒入白菜、胡萝卜搅匀。
4. 将馅儿包入饺子皮中，饺子用开水煮熟即可。

小贴士

对于挑食的宝宝，饺子是一个不错的选择。可以将宝宝喜欢吃的菜搭配上适量其他菜品，宝宝也会接受，并且增加宝宝蔬菜的摄入量。

14

豆腐丸子

食材

豆腐1/3块，猪肉馅50克，葱末适量

做法

1. 猪肉馅加入豆腐、葱末搅拌均匀。
2. 将调好的肉馅捏成丸子放入容器。
3. 将肉丸放入蒸锅，大火蒸12分钟左右即可。

如何挑选豆腐

1. 豆腐的颜色应该略带微黄，如果过于发白，可能添加了漂白剂，不宜选购。
2. 好的盒装内酯豆腐表面平整，盒内无空隙，开盒可闻到豆腐香气。
3. 豆腐易腐坏，买回家后应立刻放入冰箱，烹调时再取出。

丝瓜鸡蛋

食材

鸡蛋1个，丝瓜1/3根，植物油适量

做法

1. 丝瓜洗净，去皮，切成薄片；鸡蛋打散成鸡蛋液备用。
2. 锅烧热，放少许植物油，倒入鸡蛋液。
3. 鸡蛋炒熟后加入丝瓜片继续翻炒，待丝瓜变软后即可。

营养点评

丝瓜含有丰富的B族维生素和维生素C。中医认为，丝瓜具有消热化痰、凉血解毒、解暑除烦、通经活络、祛风等功效。

炒三丁

食材

瘦猪肉30克，茄子50克，土豆50克，植物油适量

做法

1. 瘦猪肉切成小粒，茄子、土豆切成小丁。
2. 锅烧热后放入植物油，下入肉末翻炒。
3. 肉末变色后加入茄子丁翻炒。
4. 锅中加入适量的水煮开，下入土豆丁，加盖煮2分钟即可。

第七章

11月龄，
喜欢吃的东西更多了

宝宝辅食应合理烹调

为了保证宝宝获得足够的热量，以及摄取各种营养素，不仅要照顾到宝宝的消化能力，还要培养宝宝对食物的兴趣，在食物烹调上下功夫。

宝宝对周围的事物充满了好奇，并对食物的色彩和不同的形状感兴趣，例如，一个外形做得像一只小兔子的糖包就比一个普通的糖包更能引起宝宝的食欲。所以膳食制作要小巧，不论是馒头还是包子，一定要小巧可爱。当食物的外形美观、花样翻新、气味诱人时，会通过视觉、嗅觉等感官传导至宝宝大脑的食物神经中枢，引起反射，从而刺激食欲，促进消化液的分泌，增加消化吸收功能。

婴儿消化系统的功能尚未发育完善，所吃食物要相对做到细、软。面食以发面为好，面条要软硬适度；米应做成粥或软饭；肉、菜要切碎或切成小块；花生、栗子、核桃、瓜子要制成泥或酱；鱼、鸡、鸭要去骨、去刺，切碎后再食用；瓜果类均应去皮、去核后喂食。

烹调方式要科学。蔬菜要新鲜，做到先洗后切，急火快炒，以减少维生素C的丢失，例如蔬菜烫洗后，可使维生素C损失90%以上；蒸或焖米饭要比捞饭少损失5%的蛋白质及8.7%的维生素B_1；熬粥时放碱，会破坏食物中的水溶性维生素；油炸的食物其内含的维生素B_1及维生素B_2大量被破坏；肉汤中含有脂溶性维生素，喝汤的同时也吃肉，才会获得肉食的各种营养素。

此外，不新鲜的瓜果，陈旧发霉的谷类，腐败变质的鱼、肉，不仅失去了原来所含的营养素，还含有一些对人体有害的物质，食后会引起食物中毒。因此，这类食物在婴儿膳食中应是绝对禁食的。

让宝宝爱上蔬菜

很多宝宝不爱吃蔬菜，可以用以下方法提高宝宝对蔬菜的兴趣。

★在识字、看图、看电视的时候向宝宝宣传蔬菜对健康的好处。

★通过激励的方法鼓励宝宝吃蔬菜。当宝宝吃了蔬菜后就给予表扬、鼓励，以增加宝宝吃蔬菜的积极性。

★采用适当的加工、烹调方法。家长要把菜切得细小一点，再搭配一些新鲜的肉、鱼等（不要加调味品）一起烹调，并经常更换品种，使其成为色、香、味、形俱全的菜肴，才能提高宝宝吃蔬菜的兴趣。

★选择宝宝感兴趣的食物品种。如果发现宝宝对某种蔬菜感兴趣（包括形状、颜色等）就可以为宝宝多做这个菜，既满足了宝宝的好奇心，又让宝宝吃了蔬菜。

★给宝宝吃一些生蔬菜。可以将一些质量好、没污染的西红柿、黄瓜、萝卜、甜椒等做成凉拌菜，它们常会因水分多、口感脆而易被宝宝接受。

★吃带蔬菜的包子、馄饨、饺子等带馅的食物。如果宝宝乐意吃面食，就在馅料中加入切细的白菜、芹菜、荠菜等蔬菜。

★家长带头吃蔬菜。如果宝宝与家人一起就餐，家长可以多吃蔬菜，为宝宝做表率，宝宝看着大人吃，也会跟着吃。

燕麦小米银耳粥

食材

小米30克，燕麦20克，大米30克，泡发银耳20克

做法

1. 将泡发后的银耳洗净，撕成小碎块。
2. 小米、大米、燕麦洗净后与银耳一同放入锅中，加适量清水煮至银耳粥稠烂即可。

香菇肉末拌饭

食材

肉末30克，西红柿1个，胡萝卜半根，泡发黑木耳3朵，煮鸡蛋1个，软米饭、橄榄油各适量

做法

1. 剥开鸡蛋，分离蛋白和蛋黄，蛋白切成碎丁，蛋黄压成泥，备用。
2. 胡萝卜、西红柿及泡发后的黑木耳洗净，切成小丁。
3. 锅内放少量橄榄油，加热后放入肉末，炒至肉变色后放入胡萝卜丁、西红柿丁、黑木耳丁、蛋白碎丁，翻炒片刻。
4. 加入适量清水及蛋黄泥，煮开后倒入软米饭翻炒至所有食材均匀即可。

02

03

茄汁鸡肝饭

食材

番茄1个，鸡肝20克，米饭半碗

做法

1. 番茄用开水烫一下，去皮，用榨汁机打成番茄泥。

2. 鸡肝洗净后放入锅中煮熟，捞出切碎，备用。

3. 将准备好的米饭、番茄泥、鸡肝碎一起放入锅中，加入适量清水，小火煮至收汁即可。

三鲜包子

食材

鸡肉80克，虾仁50克，猪肉100克，冬笋300克，面粉、发酵粉、葱花、姜末、植物油、香油各适量

做法

1. 发酵粉用温水化开，加面粉和成面团，静置发酵。

2. 猪肉洗净，剁成末；冬笋去皮，洗净，切末；鸡肉、虾仁分别洗净，切成小丁。

3. 将切好的食材放在一起，加葱花、姜末、植物油、香油搅拌成馅。

4. 面团发起后揉匀，搓条下剂，擀成圆皮，装馅儿捏成包子，上屉用大火蒸15～20分钟即可。

牛肉水饺

食材

牛肉200克，猪肉末100克，鸡蛋1个，葱末、姜末、植物油、香油、饺子皮各适量。

做法

1. 牛肉洗净，剁成末；鸡蛋打散，搅拌均匀。
2. 将牛肉末、猪肉末、鸡蛋液混合在一起，加入植物油、香油、葱末、姜末，沿顺时针方向搅拌均匀，制成馅料。
3. 取饺子皮包入馅料，包成饺子。
4. 锅内加清水烧沸，下入水饺煮熟即可。

05

香菇虾仁蒸蛋

06

食材

虾仁2个，新鲜香菇1朵，鸡蛋1个，香油适量

做法

1. 将虾仁洗净，切丁。
2. 香菇洗净，切碎。
3. 将鸡蛋打散成蛋液，加入虾仁丁、香菇碎、香油以及适量温水，入锅蒸熟即可。

青菜鱼片

食材

鱼肉50克，豆腐40克，青菜、植物油各适量

做法

1. 鱼肉洗净、切片，注意将鱼刺清除；豆腐、青菜洗净后切小块，备用。
2. 锅中加适量油，烧热后下鱼肉略煎，再加适量水烧开。
3. 下入青菜、豆腐，略煮即可。

07

鸭血嫩豆腐

食材

豆腐、鸭血各100克，高汤1小碗，葱末适量

做法

1. 豆腐、鸭血洗净切小丁，放入沸水中焯一下。
2. 锅中加入高汤，下入豆腐、鸭血煮熟，捞出。
3. 撒上葱末即可。

08

肉末冬瓜

09

食材

冬瓜100克，猪肉50克，蒜末、植物油各适量

做法

1. 冬瓜去皮，切成小块；猪肉切成小粒。
2. 锅烧热，倒入少许植物油，放入蒜末爆香，再下入猪肉粒翻炒。
3. 猪肉炒熟后放入冬瓜块继续翻炒片刻，加适量清水，用小火煮至冬瓜熟软即可。

营养点评

冬瓜含维生素C较多，且钾含量高，钠含量较低。中医认为，冬瓜味甘性凉，有化瘀止渴、利尿消肿、清热祛暑、解毒排脓的功效，在夏季食用尤其适宜。

清炒西蓝花

食材

西蓝花、植物油各适量

做法

1. 西蓝花洗净，择成小朵用沸水焯一下，备用。

2. 锅烧热，放少许油，下入西蓝花。

3. 加少许水翻炒，待西蓝花变软后即可。

小贴士

西蓝花常有残留的农药，还容易生菜虫，所以做之前可将西蓝花洗净后放在盐水中浸泡几分钟。

香菇肉末豆腐

食材

豆腐1/3块，猪肉50克，香菇2朵，植物油适量

做法

1. 猪肉剁成末，香菇切丁，豆腐切成小丁。

2. 锅烧热后放油，下入猪肉末翻炒。

3. 猪肉末炒变色后加入香菇丁翻炒。

4. 锅中加入适量的水煮开，下入豆腐丁，加盖煮2分钟即可。

土豆泥鸡肉丸子

食材

土豆半个，鸡肉50克，葱末适量

做法

1. 鸡肉剁成馅；土豆洗净，煮熟，去皮，压成泥。
2. 将鸡肉馅和土豆泥、葱末搅拌均匀。
3. 将拌好的鸡肉馅捏成丸子放入容器中。
4. 将肉丸放入蒸锅，大火蒸12～15分钟即可。

肉末卷心菜

食材

瘦猪肉50克，卷心菜2～6片，植物油适量

做法

1. 瘦猪肉切成小粒，卷心菜切成末。
2. 锅烧热，放少许植物油，下入瘦猪肉粒翻炒。
3. 瘦猪肉粒变色后加入卷心菜末翻炒至熟即可。

13

鱼糜木耳汤

食材

草鱼肉50克，泡发木耳3朵，青菜、植物油各适量

做法

1. 鱼肉洗净，去刺后切小粒。
2. 青菜洗净切碎，木耳洗净切碎。
3. 锅中加少量油，下鱼肉略煎，再加入适量水。
4. 开锅后下木耳、青菜，煮熟即可。

红绿蛋花汤

食材

西红柿半个，鸡蛋1个，芹菜叶、香油各
适量

做法

1. 西红柿切丁，鸡蛋打散搅匀。
2. 芹菜叶洗净，切碎。
3. 锅中放水，加西红柿丁，煮沸后淋入
鸡蛋液，撒入芹菜叶末。
4. 蛋花成形后关火，滴入适量香油即可。

银鱼山药羹

食材

山药100克，银鱼肉20克，青菜适量

做法

1. 山药洗净去皮，切块，蒸熟，用勺
子捣成碎块。
2. 银鱼、青菜洗净切碎。
3. 锅中加适量水，下入山药泥、银鱼、
青菜，边煮边搅拌，煮成糊状，熟后
即可关火。

第八章

12月龄，
顺应喂养

不要强迫宝宝进食

宝宝对辅食的口味需要有一个适应过程，比如，对某些已熟悉又口感平和的口味，如奶、米糊、粥、苹果、青菜等会喜欢，一些不熟悉的口味，如芹菜、青椒、胡萝卜等可能会因不适应而拒食。妈妈担心宝宝有些食物不吃会营养摄入不均衡，强行让宝宝吃不喜欢的食物，反而造成宝宝厌食、拒食，影响其肠胃功能。有些宝宝甚至会因此呕吐、腹泻、积食等，影响宝宝的生长发育。所以，妈妈千万不要硬来。可以把宝宝不爱吃的东西和爱吃的东西放在一起做，不爱吃的东西少放一些，或采用剁碎了掺到肉末里或煮到粥里的办法，让宝宝一点点接受。

我们还经常可以看到有的父母为了让宝宝多吃一口，不顾宝宝的拒绝，"填鸭式"地喂。这样的结果不仅会让宝宝对吃饭失去兴趣，还会导致厌食，出现营养素缺乏或生长发育不良的情况。

如何纠正宝宝挑食

 饭菜花样翻新

　　长期不变地吃某一种食物会使宝宝产生厌烦情绪，故家长应编排合理的食谱，不断地变换花样，还要讲究烹调方法。这样既可使宝宝摄取到各种营养，又能引起新奇感，吸引他们的兴趣，刺激其食欲，使之喜欢并多吃。把宝宝不喜欢吃的食物弄碎，放在他喜欢吃的食物里。例如，有的宝宝只喜欢吃肉，不喜欢吃蔬菜，家长可将蔬菜掺在瘦肉中剁成肉馅，做成肉丸或包饺子、包子、馄饨，也可塞入油豆腐、油面筋等食物中煮给宝宝吃，使其不厌肉、爱吃菜、不挑食。家长也可以把青菜剁碎，做成菜粥蛋饼等。

让宝宝多尝试几次

　　要让宝宝由少到多尝试几次，一般尝试7~8次，宝宝才能接受一种新的食物，同时大人也做出津津有味的样子吃给宝宝看，慢慢宝宝就会接受，习惯了宝宝就会吃。

控制宝宝的进食量

以定时、定量的"规律制"代替想吃就给的"放任制"。可以给宝宝安排适当的活动，两餐之间的时间间隔不能太近，让宝宝在饭前有饥饿感，这样他就会"饥不择食"了。

 ## 增强宝宝吃的本领

有的宝宝因为不会用餐具食用某种食物，就逐渐对其失去信心和兴趣，形成挑食。比如吃面条，宝宝因不会拿筷子就不爱吃面条了，这时家长应手把手地教给他方法，宝宝尝到鲜美之味，自然会高兴地吃。有些宝宝因为被鱼刺扎过而对吃鱼存在恐惧心理，家长应帮助其剔去鱼刺再给宝宝吃，或者让其吃熟三文鱼、鲈鱼等少刺的鱼。

 ## 多进行营养知识教育

家长要经常给宝宝讲挑食的危害，介绍各种食物都有哪些营养成分，对宝宝的生长发育各起什么作用，一旦缺少会影响哪些行为表现。尽量用宝宝能够接受的话语和实例进行讲解，以求获得最佳效果。

 ## 及时鼓励和表扬

宝宝喜欢"戴高帽"，纠正挑食应以表扬为主。一旦发现宝宝不吃某种食物，经劝说后若能少量进食时即应表扬鼓励，使之坚持下去，逐渐改掉挑食的不良习惯。家长最了解自己的孩子，当发现宝宝不吃某种食物时，可以暂时停止他们认为最感兴趣的某种活动进行"教育"，促使宝宝不再挑食，达到矫正挑食的目的，但是切忌打骂训斥。

中药、食疗小妙方

★食疗和捏脊的方法也可以让宝宝胃口好起来。

★食疗方：山楂、山药、薏米、红枣、莲子等熬粥服用。

★捏脊：从宝宝的尾骶开始沿脊柱两旁向颈部拿捏。来回5次，一天一组。

★按摩方法：在宝宝的脐部周围顺时针方向按摩，一天两次，每次20分钟，饭后1小时进行。

★如果宝宝严重挑食，应及时去医院检查，贫血、缺锌、缺钙等原因都会影响孩子的胃口，需要对症下药。

小扁豆薏米山药粥

食材

小扁豆30克，绿豆30克，薏米30克，山药30克

做法

1. 小扁豆洗净，薏米、绿豆淘洗干净，一同浸泡30分钟；山药洗净去皮，切成块。

2. 将所有食材一起入锅，加适量的水，熬成粥即可。

营养点评

小扁豆学名兵豆，属于粗粮，富含蛋白质，多种维生素和矿物质，铁含量是其他杂豆的两倍，B族维生素的含量也较高，可以提高身体代谢能力。

鸭肉粥

食材

鸭肉1小块，粳米1大把，小葱1根、姜2片

做法

1. 将鸭肉洗净，切成丁，放入锅中，加水烧开，沸腾约5分钟后捞出，用温水冲洗干净。

2. 葱一半切葱段，另一半切葱花。

3. 锅中放水烧开，放入鸭肉、葱段、姜片和粳米，大火烧开后转小火慢慢熬煮，待米粒开花时，拣出葱段和姜片，加入剩下的葱花即可出锅。

营养点评

鸭肉的整体脂肪含量要低于猪肉，但蛋白质和锌的含量高于猪肉。每100克鸭肉含锌1.33毫克，是优质的锌来源。缺锌的宝宝可以常吃。

小贴士

鸭肉有些腥味，烹调时一定要放姜，尤其煮粥时可多放一点儿。

鸡汤水饺

食材

鸡脯肉100克，猪肉100克，大白菜200克，葱花、姜末、香油、饺子皮、鸡汤、青菜各适量

做法

1. 猪肉、鸡脯肉分别洗净，剁成末，加适量清水搅匀；大白菜洗净，用沸水焯软，切碎，挤干水分，与鸡肉末、猪肉末、葱花、姜末、香油拌匀制成饺子馅。

2. 青菜洗净，切碎备用。

3. 将馅料放入饺子皮，捏成饺子。

4. 锅置火上，饺子下锅煮熟后捞出放入碗中。

5. 另起锅，倒入事先熬好的鸡汤，开锅后下入青菜碎稍煮片刻。

6. 将鸡汤及青菜倒入盛饺子的碗里，让宝宝吃完饺子将鸡汤及青菜也吃掉。

豆腐花卷

食材

豆腐200克，面粉、酵母、植物油、葱花、香油各适量

做法

1. 豆腐洗净，切小丁，放入沸水中焯烫片刻，捞出，放入碗中。

2. 将豆腐中加入植物油、葱花、香油，拌匀，制成馅。

3. 将酵母用温水化开，倒入面粉中揉成面团，饧发数小时。

4. 将面团擀成薄面饼，撒上调好的馅料后将面饼沿一个方向卷成长条状，用刀切成小段。

5. 取一段面饼，顺着没切的两面拉一下，两个手顺着不同的方向拧一下，底部汇合，即成花卷。

6. 将做好的花卷放入蒸锅中蒸熟即可。

红苋菜炒软饭

食材

红苋菜2棵，鸡蛋1个，软米饭、麻油各适量

做法

1. 将红苋菜洗净，切碎；鸡蛋打散，搅拌均匀。

2. 锅中滴入少量麻油，放入红苋菜翻炒至软。

3. 放入软米饭继续翻炒，软米饭和红苋菜炒均匀后倒入蛋液，略微翻炒一下至熟。

4. 再倒入少量水，略煮一会儿即可。

糙米小米饭

06

食材

糙米、小米各适量

做法

1. 将糙米、小米浸泡2小时后淘洗干净。
2. 将糙米和小米放入电饭煲中煮成软米饭即可。

营养点评

糙米属于粗粮,建议在宝宝主食中粗细粮搭配,增加纤维素和维生素。

黄瓜鸡蛋面片汤

食材

黄瓜半根，鸡蛋1个，面粉、香油各适量

做法

1. 黄瓜洗净去皮，切碎；鸡蛋打散备用。
2. 面粉加适量水和面，擀成大薄片。
3. 将面皮切成菱形的面片。
4. 水开后下面片，放入黄瓜末，开锅后淋入打散的鸡蛋液，煮熟。起锅前淋入几滴香油即可。

胡萝卜鸡蛋包饭

食材

鸡蛋1个，胡萝卜1小段，软米饭、植物油各适量

做法

1. 鸡蛋打入碗中，搅打均匀；胡萝卜洗净、去皮、切碎。

2. 煎锅放少量油烧热，淋入鸡蛋液，煎成蛋皮。

3. 炒锅放入植物油，烧热后放入胡萝卜碎炒软，再加入软米饭，炒匀。

4. 将炒好的米饭平摊在鸡蛋皮上，卷起来，切成小卷，凉凉后让宝宝拿着食用即可。

09

肉末蒸冬瓜

食材

猪肉50克，冬瓜1小块，葱末、蒜末、香油各适量

做法

1. 猪肉洗净切成末，蒜末放入猪肉中拌匀，腌10分钟。

2. 冬瓜去皮、洗净，切成薄片，平铺在盘子里，把腌好的猪肉末均匀铺在冬瓜上。

3. 锅中放水烧开，把冬瓜放入笼屉，大火蒸8分钟后取出，把葱花撒在冬瓜上，再滴几滴香油即可。

菠菜丸子汤

食材

猪瘦肉100克，菠菜、鸡蛋液、高汤、香油各适量

做法

1. 猪肉洗净后剁碎，放入蛋液，加入少量水，搅拌均匀，做成小丸子。
2. 菠菜洗净，用开水焯一下，捞出，切小段。
3. 高汤烧开，下肉丸，肉丸熟后下入菠菜段，稍煮片刻再滴几滴香油即可。

11

番茄炒蛋

食材

番茄半个，鸡蛋1个，葱末、植物油
各适量

___

做法

1. 番茄洗净，切小块；鸡蛋磕入碗
里，搅打均匀。
2. 油锅置火上，倒入鸡蛋液炒散，
放入番茄继续翻炒，炒至番茄出
汁，撒上葱末再翻炒片刻即可。

黑木耳炒肉末

12

食材

肉末50克，泡发黑木耳6～8朵，植
物油适量

___

做法

1. 将泡发后的黑木耳择洗干净，
切碎。
2. 油锅烧热，下肉末炒至变色，下
黑木耳，炒熟后盛出即可。

炒南瓜

食材

嫩南瓜250克，姜末、蒜末、植物油各适量

做法

1. 嫩南瓜切片或切丝。

2. 将姜末、蒜末放入油锅爆香，加入南瓜片或南瓜丝，翻炒片刻，加适量水，焖熟即可。

13

14

香菇油菜

食材

油菜50克，新鲜香菇2朵，蒜末、植物油各适量

做法

1. 油菜择洗干净，切成小段；香菇洗净，切成小块。

2. 将香菇放入沸水中焯熟。

3. 油锅烧热后下入蒜末，炒香后下入油菜段，翻炒至7成熟时加入香菇，一起翻炒至熟即可。

小贴士

挑选香菇时要大小均匀，伞柄肥厚，菌褶紧实整齐，质地较硬，颜色呈黄褐色至黑褐色，没有褐斑。

清蒸鳕鱼

食材

鳕鱼1块、葱丝、姜丝、植物油各适量

做法

1. 将鳕鱼解冻，洗净。

2. 取一半姜丝平铺在盘子底部，将鳕鱼放在姜丝上。

3. 锅中放水烧开，把鳕鱼放入锅中蒸8分钟。

4. 将鱼汤倒在碗中备用。将葱丝摆放在鳕鱼上。

5. 锅中放油，烧热，放入剩下的一半姜丝炒香，倒入鱼汤烧开，浇到摆好葱丝的鳕鱼上即可。

第九章

1~2岁，
进入饮食多样化的
幼儿阶段

宝宝适合吃少盐、少糖、少刺激的淡口味食物

宝宝满周岁了！从现在开始，可以逐渐把宝宝的辅食转变成主食，并形成成人的饮食模式。《中国居民膳食指南（2016）》中指出，鼓励13～24月龄的幼儿学习自主进食，并在满12月龄后与家人一起进餐，且鼓励宝宝尝试家庭食物。

1岁以后的宝宝可以在饮食中少量添加盐、糖等调味品了，但是宝宝的三餐饮食还是应该单独制作，要和成人食物有所区别，不过可以适量尝试大人的食物。因为虽然宝宝可以吃盐、糖，但过多的盐和糖还是会给宝宝的身体增加负担。除此之外，还有很多家庭食物，如腌、熏、卤制、重油、甜腻，以及高盐、高糖、辛辣刺激的重口味食物，均不适合宝宝食用。1～2岁的宝宝的饮食应是家庭自制的少盐、少糖、少刺激的淡口味食物。

培养良好的饮食习惯

在餐桌就餐

宝宝应养成在餐桌就餐的习惯，同时家长要以身示范遵守用餐规矩，如吃饭时不说话、不看电视。尽管宝宝自己吃饭可能会撒一些饭菜，但要鼓励宝宝自己动手，决不能求着宝宝吃饭或拿碗追着喂饭。

定餐定量

根据宝宝的年龄，结合能量及营养素的需要，制订出相应的定量食谱，安排好正餐和加餐、餐间点心。膳食花样应有设计，让宝宝有新鲜感，以增加食欲。所用定量食谱应有弹性，即在一定时间范围内控制总的摄入量，而不必计较某一两顿饭量。所定食谱是否合理，应以宝宝体重及健康状况为评价参考，而不是家长的感受，只要宝宝生长发育各项指标良好，就说明喂养得当。

愉快进餐

家长应始终采取循循善诱的态度，营造良好的进餐气氛，避免因为吃饭的问题哄骗、强制或打骂宝宝。

家长在进餐时做到不挑食、不偏食，不表述或暗示对食物的倾向性，不多说某种食物不好吃或自己不爱吃某种食物，鼓励宝宝多吃蔬菜及豆类等各类食物，营养均衡。

与父母同桌进餐

到了这个阶段，宝宝对食物的接受能力增强了，大部分成人能吃的食物，宝宝都可以吃，但要比成人吃得软些，味道稍淡些。这时宝宝咀嚼能力进一步加强，手指也可以抓住食物往嘴里塞，尽管他吃的时候还会撒一些，但这也是很大的进步。这个阶段的宝宝也正是模仿大人动作的时候，看到父母吃饭时，他会不由自主地吧嗒嘴唇，总爱盯着饭桌和家长，还会伸出双手，一副馋嘴相。看到宝宝这种表现，父母可以抓住时机，在宝宝面前也放一份饭菜，让他和父母同桌进餐，他会高兴地吃。这种愉快的进餐环境对增强宝宝食欲是大有益处的。

宝宝和父母一起进餐时，桌上色香味俱全的菜肴，可以让宝宝都尝一尝，尝酸味食物的时候，告诉他"这是酸的"。通过宝宝视、听、嗅、味的感觉信息，经过大脑的活动有效地进行组合，使宝宝增加了对食物的认识和兴趣。此时，可以手把手地训练宝宝自己吃饭，这样做既满足了宝宝总想自己动手的愿望，又能进一步培养他使用餐具的能力。

这个阶段的宝宝已经可以享用固体食物了。他现在能够用手指头拿起切成小块的水果、蔬菜，他非常渴望能够自己拿着吃，甚至开始试图使用勺子。父母应该抓住这个时机，让宝宝学习用餐具自己吃饭。可以给宝宝一把专用的勺子和一些切成小块或捣碎的食物，让他自己吃。刚开始他肯定会弄得满身满脸满地都是，但是没关系，一定要锻炼，可以事先给宝宝戴好围嘴，让他坐在儿童餐椅上，并铺上小餐垫，也可以在地上铺纸或易清洗的垫子。

不要因为怕宝宝吃不好而阻止他自己吃的行为，顺应并辅助宝宝的内在要求会使他的某种能力在敏感期内得到迅速的发展和进步，当一个敏感期过去后，另一个敏感期会自然到来，这样就会促进宝宝各方面能力的发展。美国宝宝能力发展中心的研究发现，那些被顺应了需求的宝宝在1岁时已经能很好地自己用勺吃饭了，同时发展起来的不仅是自理能力，还有手眼协调性和自信心。

教宝宝使用餐具

经过一段时间的练习，宝宝已经能够用勺盛食物，并能准确地把食物送进嘴里，此时，正是培养宝宝使用餐具和独立吃饭的好时机。

家长可以在宝宝的饭碗中盛小半碗饭，上面放一些菜，放在宝宝的饭桌上，让宝宝一手扶碗，一手拿勺吃饭。告诉宝宝每次用勺盛饭量应少，让勺中的饭菜都能吃进嘴里，鼓励宝宝自己完成进餐，家长不要包办代替。经过几个月的训练之后，他就可以学会自己扶碗吃饭，在此基础上，可以把饭盛在饭碗里，菜盛在菜盘里，让宝宝练习吃一口饭，再吃一口菜。在进餐的过程中及进餐后，要教宝宝养成用餐巾擦嘴、擦手的卫生习惯，还要不断向宝宝强化餐具的名称，如饭碗、盘、勺子等，以丰富宝宝的认知能力和语言表达能力。有些宝宝一开始学习时吃得太慢，撒得太多，家长可以先让宝宝自己吃，剩余的部分给宝宝喂一些，以免他自己吃不饱，通过一段时间的训练，宝宝就可以自己吃饱了。

鲜虾云吞面

01

食材

鲜虾仁50克，猪肉馅25克，鸡蛋2
个，儿童面条、云吞皮、高汤、
盐、香油各适量

做法

1. 先将1个鸡蛋打散，将鸡蛋液倒入
锅中煎成蛋饼，盛出，切丝备用；
虾仁切小丁备用。

2. 另外1个鸡蛋取蛋清，与30克虾仁、猪肉馅、盐、香油一起搅拌均匀成
馅料。

3. 用云吞皮包入馅料，制成云吞。锅中烧开水，将云吞放入，快熟时加入儿童
面条至全部煮熟，分别捞出。

4. 锅中放少许植物油，烧至五成热，放入剩余的鲜虾仁、高汤、盐，大火煮
沸，盛入面碗里，再放入云吞、鸡蛋丝即可。

小贴士

搅拌猪肉馅的时候，可以加入少量清水，搅拌至所有水分都被肉馅吸收进去，如此1～2次，
馅料口感更好。

02

虾仁金针菇拌面

食材

新鲜金针菇50克，虾仁20克，菠菜3棵，儿童面条、香油、植物油、盐、料酒、高汤各适量

做法

1. 将虾仁洗干净，煮熟，切成小丁，加入少量盐和料酒腌15分钟左右。

2. 将菠菜洗干净，放入开水锅中焯一下，捞出来沥干水，切成小段备用。

3. 将金针菇洗干净，放入开水锅中焯一下，捞出，切碎备用。

4. 儿童面条煮好备用。

5. 锅中加入油烧热后加入高汤（如果没有高汤也可以加清水），放入虾仁、菠菜、金针菇，炒熟后放入准备好的儿童面条，翻炒熟后，滴入几滴香油调味即可。

小贴士

为宝宝做这款面条时，应保证已经单独为宝宝添加过虾仁，并且不过敏。

大米红豆软饭

食材

红豆、大米各适量

做法

1. 用清水将红豆浸泡4小时，洗净。
2. 将大米淘净，放入锅中，加比平时煮软饭多1/2的水，红豆撒在上面，按下煮饭键蒸熟即可。

营养点评

红豆属于杂豆类，它和谷类的营养成分相似，淀粉的含量较高。但是，杂豆类的营养价值更高，它的蛋白质、B族维生素、膳食纤维的含量要高于谷类，建议多给宝宝搭配杂豆类食物。

番茄猫耳朵豆腐汤

食材

猫耳朵面50克，番茄半个，豆腐1小块，高汤、葱花、盐各适量

做法

1. 番茄用开水烫一下，去皮切碎；豆腐切丁。
2. 锅内倒入高汤，煮开后放入猫耳朵面。
3. 再沸后放入番茄、豆腐，煮至猫耳朵熟透，撒入葱花及少量盐即可。

素馅蒸包

食材

面粉500克，鸡蛋2个，水发粉丝、笋块、豆腐、姜末、葱花、酱油、盐、香油、胡椒粉、熟植物油、发酵粉各适量

做法

1. 水发粉丝洗净，切碎；笋块、豆腐分别洗净，切细粒；鸡蛋打散，炒熟，切末。
2. 将粉丝碎、笋粒、豆腐粒、鸡蛋末、葱花、姜末、酱油、盐、香油、胡椒粉、熟植物油放在一起，拌匀成素馅。
3. 发酵粉加温水化开，与面粉一起和成面团，静置发酵后将面团搓成条，切成面剂子，擀成面皮，包入馅料，包成包子。
4. 饧20分钟左右，上笼用大火蒸15分钟即可。

06

糊塌子

食材

西葫芦1/3个，鸡蛋1个，面粉、盐、植物油各适量

做法

1. 西葫芦洗净，用擦板擦成细丝，加少量盐，拌匀。

2. 打入鸡蛋，搅匀；筛入面粉，拌匀成糊状。

3. 平底锅擦一点儿油，舀一大勺面糊倒入锅中，摊匀，中小火煎2分钟。

4. 翻面，再煎2分钟，煎至面饼两面熟即可。

番茄蛋包饭

食材

鸡蛋1个，米饭、韭菜、番茄酱、盐、植物油各适量

做法

1. 锅置火上，放油烧热，倒入米饭，加入适量番茄酱及少量盐，翻炒均匀。
2. 鸡蛋打入碗中，搅拌均匀；韭菜放入开水中烫一下即捞出。
3. 煎锅置火上，用油刷在锅里薄薄地刷一层油，倒入鸡蛋液，小火煎成薄饼，盛入盘中。
4. 将鸡蛋饼平铺在盘子上，炒好的米饭放在蛋饼上。
5. 将蛋饼卷起，用烫软的韭菜系牢，并根据宝宝口味涂抹适量番茄酱。

豆沙小刺猬

食材

面粉250克，发酵粉、牛奶、豆沙馅、红小豆各适量

做法

1. 将温水和酵母粉搅拌，倒入面粉中，加入牛奶和水，揉成面团。
2. 将面团放在案板上，用力揉至面团光滑有弹性，然后将其放在一个干净的碗里，用湿毛巾覆盖，饧30~45分钟备用。
3. 将饧完的面团搓成条，切成小剂子，擀成面皮备用。
4. 取适量豆沙馅放入面皮中，收口包好，揉捏成椭圆水滴形。
5. 在面团尖的一端用剪刀剪出刺猬的嘴和背上的刺；用红小豆点缀成刺猬的眼睛。
6. 将做好的刺猬上锅蒸15分钟即可。

08

胡萝卜丝肉饼

食材

胡萝卜半根，猪瘦肉50克，鸡蛋1个，面粉30克，芹菜1/3根，植物油、盐各适量

做法

1. 胡萝卜洗净，去皮，切丝；猪瘦肉洗净，剁碎；芹菜洗净，切丝。

2. 鸡蛋打入碗中，搅打均匀，放入胡萝卜丝、猪肉末、芹菜、面粉，加少量盐，搅拌均匀。

3. 将搅拌好的馅料做成厚1厘米左右的圆饼。

4. 锅内放入植物油，放入圆饼，小火煎至两面金黄即可。

09

10

山药虾仁饼

食材

山药100克，虾仁20克，盐、料酒、植物油各适量

做法

1. 虾仁洗净，去沙线，切碎，用盐、料酒腌渍10分钟。

2. 山药洗净后去皮、切段，入蒸锅蒸熟，用勺子压成泥，与碎虾仁一起制成饼坯。

3. 锅内入油烧热，将饼坯两面煎至金黄即可。

肉末芥蓝

食材

芥蓝100克，肉末25克，水淀粉、葱末、植物油、儿童酱油各适量

做法

1. 芥蓝洗净，切成碎块，备用。
2. 肉末用水淀粉抓匀，备用。
3. 热锅下油，放入葱末及抓匀的肉末，炒至肉末变色，加入芥蓝，翻炒均匀后加少许水和儿童酱油，小火焖2～3分钟即可。

营养点评

芥蓝中含有有机碱，这使它带有一定的苦味，但能刺激人的味觉神经，增进食欲，还可加快胃肠蠕动，有助消化。因此，对于食欲缺乏、便秘的宝宝，在日常饮食中吃芥蓝是有好处的。

12

清炒油菜

食材

油菜250克，植物油、盐各适量

做法

1. 将油菜洗净，切碎待用。

2. 锅置火上，放油烧热，放入碎油菜，用急火快炒，待菜烂时，放少量盐调味即可。

芝麻酱拌茄泥

食材

嫩茄子1根，芝麻酱、香菜各适量

做法

1. 茄子洗净，切厚片，入锅蒸10分钟。
2. 将茄子取出，沥干水分，入碗中捣成泥。
3. 芝麻酱加适量温水调稀，将调好的芝麻酱淋在茄泥上，撒上香菜末即可。

黄瓜炒猪肝

食材

新鲜猪肝100克，黄瓜半根，水发木耳3朵，葱末、姜末、蒜末、植物油、料酒、盐、儿童酱油、水淀粉各适量

做法

1. 将猪肝洗净，切片，用水淀粉上浆，放料酒、儿童酱油腌渍10分钟；黄瓜洗净，切片；泡发的木耳洗净，撕成小块，待用。

2. 植物油放入锅内，烧至七成热时放入葱末、姜末、蒜末爆香，将猪肝倒入锅中快速翻炒，迅速淋入几滴料酒，继续翻炒。

3. 加入黄瓜片、木耳，翻炒片刻，加适量水焖煮2分钟左右，加少许盐调味即可出锅。

小贴士

猪肝过油时火要大，油要热，操作要迅速，这样炒出来的猪肝口感才好。另外，猪肝下锅后，要立即淋入料酒，以去除腥味。1岁以上的宝宝可以少量添加盐和儿童酱油，但要注意不能过咸。

14

白菜肉卷

食材

瘦猪肉100克，鸡蛋1个，大白菜叶、葱末、姜末、香油、盐各适量

做法

1. 将猪肉洗净，剁成肉馅，加入葱末、姜末，打入鸡蛋，调入少量的盐、香油，拌匀成馅。

2. 将白菜叶洗净，用开水烫一下，备用。

3. 将调好的馅放在摊开的白菜叶上，卷成筒状，切成小段。

4. 将白菜肉卷放入盘中，上笼蒸10分钟即可。

小贴士

如果宝宝不喜欢吃葱、姜，也可以用葱、姜泡出的水拌馅，味道就不会太浓烈，还能去腥。

15

番茄菜花

食材

番茄1个，菜花、白糖、盐、植物油各适量

做法

1. 菜花择洗干净，分成小朵，备用。
2. 番茄放入热水中去皮，切丁。
3. 热锅下油，放入番茄丁及白糖炒成番茄酱，加入择好的菜花，翻炒均匀后加入适量的水，加盖焖煮5分钟左右。
4. 加盐调味即可。

小贴士

如何挑选菜花

好的菜花呈白色或淡乳色，稍微有点发黄也是正常的。有黑点的菜花表明已经不新鲜了，不要购买。另外，菜花的叶子新鲜与否也是判断菜花是否新鲜的一个标准。

红烧带鱼

食材

带鱼1条，葱、姜、料酒、儿童酱
油、白糖、植物油各适量

做法

1. 带鱼洗净，切段；葱切段，姜
切片，备用。

2. 带鱼段入油锅炸至两面金黄后盛
出，滤油。

3. 锅中留少许油，放入葱段、姜片煸
出香味，放入煎好的带鱼段，烹入料
酒去腥。

4. 加儿童酱油、白糖调味，加少许清
水，中火焖3～5分钟即可。

营养点评

带鱼肉质细腻，味道鲜美，营养丰
富，含17.7%的蛋白质和4.9%的脂
肪，属于高蛋白低脂肪鱼类。带鱼富
含人体必需的多种矿物质以及多种维
生素，是老少皆宜的滋补食品。

糖醋圆白菜沙拉

食材

圆白菜心5～6片，白糖、醋、盐各适量

做法

1. 将圆白菜洗净，切细丝，放入碗中。
2. 将糖、醋、盐倒入碗中，与圆白菜丝拌均匀即可食用。

香菇鸡片

鸡胸肉150克，新鲜香菇4朵，红甜椒50克，姜片、盐、植物油、淀粉、高汤各适量

做法

1. 香菇切片；红甜椒切片；鸡胸肉洗净，切片，放入淀粉拌匀，备用。

2. 热锅入油，放入鸡胸肉炒至变色，盛出。

3. 另起锅倒入少量油，煸香姜片，放香菇片和红甜椒片翻炒，炒至香菇变软。

4. 放入高汤，烧开后倒入鸡片，再次翻炒，放入少量盐，大火收汁即可。

19

178

海米冬瓜

食材

冬瓜100克，海米、蒜末、盐、植物油各适量

做法

1. 海米浸泡备用；冬瓜削皮、切片。
2. 锅中放少许植物油，下蒜末炒出香味，放入冬瓜片，翻炒2分钟左右。
3. 下入泡好的海米，继续翻炒。
4. 倒入少量水，盖上锅盖，小火焖煮片刻，撒上适量盐即可。

20

21

蔬菜沙拉

食材

土豆、黄瓜、柚子、沙拉酱各适量

做法

1. 黄瓜洗净切丁；柚子剥好，分成大小合适的块状。

2. 土豆去皮，洗净后切丁，煮熟。

3. 将所有食材放入碗中，拌入适量的沙拉酱即可。

青椒土豆丝

食材

土豆1个，柿子椒半个，醋、盐、植物油各适量

做法

1. 土豆去皮，洗净，切丝，放入淡盐水中浸泡，以防止变色，保持脆爽；青椒洗净，切丝。
2. 锅内放油，烧热后放入青椒丝煸炒片刻，倒入土豆丝，加入少许盐和醋，翻炒至熟即可。

22

黄桃酸奶

食材

黄桃1个，儿童酸奶1杯

做法

1. 将黄桃去皮，果肉切小丁。
2. 将黄桃丁加入酸奶中，拌匀即可。

百合红枣汤

食材

干百合20片，红枣5颗，冰糖适量

做法

1. 将百合浸泡4小时，洗净备用。
2. 红枣洗净，放入锅中，加适量水，开
锅后改小火煮15分钟。
3. 将百合放入锅中，继续煮至百合熟
透；加少量冰糖，煮至融化即可。

25

海带萝卜汤

食材

白萝卜300克，海带150克，盐适量

做法

1.白萝卜洗净，去皮，切片；海带洗净，切片。

2.锅中加适量清水，放入白萝卜、海带同煮，煮熟后放少量盐调味即可。

第十章

2～3岁，
像大人一样吃饭

2～3岁，平衡膳食很重要

蛋白质、脂肪、碳水化合物、维生素、矿物质和水是人体必需的六大营养素，这些都是从食物中获取的。2～3岁的孩子在饮食的种类上基本可以和大人同步，但不要吃辛辣刺激及重口味的食物。这个阶段的孩子的饮食原则是食物多样化，注意膳食搭配平衡，一日三餐中应有谷类、蔬菜、水果、牛奶、豆制品、动物性食物、蛋类等，养成良好的饮食习惯。

谷物（米、面、杂粮、薯）是每顿的主食，是主要提供热量的食物。

蛋白质主要由蛋类、奶类、豆类或动物性食品提供，是宝宝生长发育所必需的。人体所需的20种氨基酸主要来源于蛋白质，不同来源的蛋白质所含的氨基酸种类不同，每日膳食中蛋类、豆类和不同的动物性食品要均衡地搭配才能获得丰富的氨基酸。

蔬菜和水果是提供矿物质和维生素的主要来源，每顿饭都要有一定量的蔬菜才能符合身体需要。另外，水果和蔬菜是不能相互代替的。有些宝宝不吃蔬菜，家长就以水果代替，这是不可取的。因为水果中所含的矿物质一般比蔬菜少，糖分高，所含维生素种类也不一样。

油脂是高热量食物。在我国，人们习惯食用植物油，有些植物油含有脂溶性维生素，如维生素E、维生素K和胡萝卜素等。宝宝每天的饮食中也需要一定量的油脂。

有些家庭早餐喝牛奶、吃鸡蛋，而没有提供热量的谷类食品，应该添加几片饼干或面包、馒头等。还有一些家庭早餐只吃粥、馒头、小菜，而未提供可利用的蛋白质，这也不符合宝宝生长发育的需要。只有平衡膳食才会使身体获取全面的营养，才能使宝宝正常生长。

碳水化合物（粮食）提供55%～60%的热量，蛋白质占12%～15%，脂肪占25%～30%。例如，早餐让宝宝喝一袋奶，吃一个鸡蛋和一片面包就很好。

宝宝可以练习用筷子啦

　　这个阶段的宝宝可以练习使用筷子了。宝宝开始拿筷子吃饭，小手动作可能不太协调，操作起来比较困难。家长可以先让宝宝做练习。家长给宝宝准备一双小巧的筷子，两个小碗作为玩具餐具，家长坐在桌子旁边和宝宝一起做"游戏"，开始让宝宝用手练习握筷子。用拇指、食指、中指操纵第一根筷子，用拇指和无名指固定第二根筷子。同时家长也拿一双筷子在旁边做示范，练习用筷子夹起花生和巧克力豆。可以将花生和巧克力豆放在一个小碗里，让宝宝用筷子把它们夹到另一个小碗中，夹在碗外的不算，把夹到碗中的作为奖品，以提高宝宝练习的积极性。经过多次练习，基本熟练以后，在吃饭时给宝宝准备一双筷子，让他同爸爸妈妈一样用筷子吃饭。但用餐时要注意，不要让宝宝拿着筷子到处跑，以免摔倒扎伤宝宝。

宝宝不宜常吃的食物

2~3岁的宝宝基本可以和成人的饮食一样了，但是有一些食品对宝宝的健康不利，要引起父母的注意。

可乐

很多大人都爱喝可乐，有的大人还会给宝宝品尝。可乐饮料中含有一定量的咖啡因，咖啡因对机体中枢神经系统有较强的兴奋作用，对人体有潜在的危害，宝宝处在身体发育阶段，体内各组织器官还没有发育成熟，身体抵抗力较弱，所以喝可乐饮料产生的潜在危害可能会更严重。

腌制食品

宝宝也不宜吃过咸的食物，因为此类食物会增加高血压或其他心血管病发生的风险。腌过的食物都含有大量的二甲基亚硝酸盐，这种物质进入人体后，会转化为致癌物质，宝宝抵抗力较弱，这种致癌物对宝宝的毒害更大。

罐头食品

罐头食品在制作过程中都加入一定量的食品添加剂，如色素、香精、甜味剂、保鲜剂等，宝宝身体发育迅速，各组织对化学物质的解毒功能较弱，如常吃罐头，摄入食品添加剂较多，会加重各组织解毒排泄的负担，从而可能引起慢性代谢性问题，影响生长发育。

补品

不要给宝宝用补品，比如人参有促使性激素分泌的作用，食用人参食品会导致宝宝性早熟，严重影响身体的正常发育。

泡泡糖

泡泡糖中含有增塑剂等多种添加剂，对宝宝来说都有一定的微量毒性，对身体有潜在危害，倘若宝宝吃泡泡糖的方法不卫生，还会造成肠道疾病。

茶

茶叶中所含的单宁能与食品中的铁和钙相结合，会形成一种不溶性的复合物，从而影响铁的吸收，如果宝宝经常喝茶，很容易发生缺铁，引起缺铁性贫血或缺钙。而且喝茶还可以使宝宝兴奋过度，烦躁不安，影响宝宝的正常睡眠。茶还可以刺激胃液分泌，从而引起腹胀或便秘。

椒盐花卷

食材

自发面粉500克，葱花、花椒盐、植物油各适量

做法

1. 将自发面粉放入盆中，加入适量温水揉成表面光滑的面团，用擀面杖擀成厚薄均匀的面皮。

2. 用油刷将植物油均匀地涂在面皮表面，撒上花椒盐、葱花，将面皮卷成条，切成小剂子。

3. 取一个小剂子，先用双手拉长，再翻转180°，两端向后叠起，用筷子在中间压一个十字，即成花卷。

4. 将做好的花卷生坯放置蒸锅中，饧发20分钟左右，用大火蒸20分钟即可。

莲子粥

食材

粳米1小杯，莲子50克，冰糖适量

做法

1. 锅内放沸水，放入莲子，稍煮片刻，关火。

2. 将莲子外皮刷洗干净，再用清水清洗。

3. 粳米拣去杂物后淘洗干净，倒入锅内，再加莲子及清水，用大火煮沸后转小火煮1.5小时左右，加适量冰糖。

4. 待米粒开花，米汤浓稠，莲子酥糯即可。

虾仁笋丝粥

食材

虾仁2个，水发竹笋30克，大米、盐、植物油各适量

做法

1. 大米淘洗干净，在清水中浸泡30分钟。

2. 虾仁洗净剁碎；竹笋洗净切丝。

3. 锅内入油烧热，将虾仁放入锅中翻炒至虾仁变色，再加入笋丝继续翻炒至熟，盛出备用。

4. 大米下锅，加适量清水煮沸，转小火熬煮成粥。

5. 倒入炒好的虾仁笋丝搅拌均匀，边煮边搅拌，煮至粥黏稠，加少量盐调味即可。

03

杂粮馒头

食材

面粉500克，黑米粉20克，酵母适量

做法

1. 将面粉、黑米粉放入容器中混合均匀，酵母放入少许温水中，溶解后倒入混合好的面粉中，再加入适量的温水揉成光滑的面团，盖上保鲜膜放置于温暖处发酵。

2. 将发酵好的面团放在案板上充分地揉压出里面的空气，然后揉搓成条，再切成小剂子。

3. 将每个剂子充分揉压后整理成馒头生坯。

4. 将做好的馒头生坯盖上湿润的纱布，饧发20分钟。

5. 将饧好的馒头放入蒸锅，大火蒸20分钟后关火，再等5分钟后打开锅盖即可。

05

紫菜包饭

食材

紫菜（寿司专用的大正方形紫菜）2片，竹帘1个（超市有售），油刷1个，鸡蛋1个，胡萝卜、黄瓜、火腿、香油、植物油、盐、芝麻、米饭各适量

做法

1. 将鸡蛋打散，搅拌均匀；胡萝卜洗净，切细丝；黄瓜洗净，切细条；火腿洗净，切细条。

2. 锅置火上，放植物油烧热，放入搅好的鸡蛋液，摊成蛋皮，凉凉后切成细条。

3. 将新煮好的米饭里放适量香油、盐、芝麻，拌匀待用。

4. 取一张紫菜，用油刷蘸香油少许涂匀，取拌好的米饭铺在紫菜上，紫菜边上要留出放黄瓜、胡萝卜、鸡蛋的位置。

5. 从有蔬菜的这一端卷起，要卷得紧紧的，卷好后放在竹帘上，用竹帘再卷一遍，用手用力攥紧卷好的竹帘。

6. 打开，切成1厘米左右厚的紫菜卷即可。

小贴士

在紫菜上面铺米饭的时候不要铺得太厚，以免卷的时候米饭从紫菜里面溢出来。

卤肉饭

新鲜香菇2朵，猪肉丁50克，软米饭、洋葱末、植物油、料酒、酱油、糖各适量

做法

1. 香菇去蒂后洗净，切小块备用。

2. 热锅入油，爆炒洋葱，加入香菇和猪肉丁，炒至猪肉变色，加入料酒、酱油、糖，翻炒片刻，加适量清水，用小火焖煮1小时即为卤肉汁。

3. 将卤肉汁浇在热的软米饭上即可。

06

蛋皮寿司

食材

鸡蛋1个，西红柿半个，胡萝卜1小段，米饭、洋葱、盐、植物油各适量

做法

1. 将鸡蛋打散搅匀，放入锅中摊成蛋皮，备用；胡萝卜洗净、去皮，切成碎末，备用；洋葱切成碎末，备用；西红柿切小丁，备用。

2. 热锅入油，放入胡萝卜末和洋葱末，炒熟后加入西红柿，待西红柿出汁后加入米饭，翻炒均匀，加少量盐调味。

3. 平铺蛋皮，将炒好的米饭摊在蛋皮上面，仔细卷好，切小段即成。

小贴士

在制作蛋皮时，可在蛋液里加少许淀粉，这样摊出来的蛋皮有弹性，不易破裂。

07

08

蔬菜虾蓉饭

食材

大虾2只，番茄1个，新鲜香菇2朵，
胡萝卜1小段，西芹1小段，软米饭、
植物油、盐各适量

———————————

做法

1. 大虾煮熟后去皮及虾线，取虾仁剁

成蓉；番茄洗净后放入沸水中烫一
下，去皮，切成小块。

2. 香菇洗净、去蒂，切成小碎块；胡
萝卜去皮，洗净，切粒；西芹洗净，
切成末。

3. 热锅入油，除米饭外，其他所有食
材放入锅内翻炒2分钟左右，加少许
水煮熟，出锅前放少量盐调味。

4. 将炒好的菜浇在米饭上拌匀即可。

肉酱通心粉

食材

肉末25克，通心粉50克，番茄1/2个，蒜末、番茄酱、植物油、盐各适量

做法

1. 锅中放入清水，开锅后下入通心粉，煮熟后捞出，备用。

2. 番茄洗净后用开水烫一下，去皮切丁，备用。

3. 锅中放入少许植物油，爆香蒜末。

4. 放入肉末，翻炒至肉末变色后加入番茄丁，继续翻炒至番茄丁出汁。

5. 加入番茄酱、盐翻炒片刻，将炒好的肉酱盛出，淋在煮好的通心粉上即可。

09

彩虹炒饭

鸡蛋1个，豆角2根，红彩椒半个，软米饭、火腿、玉米粒、青豆、胡萝卜、葱末、植物油、盐各适量

做法

1. 豆角去茎后洗净，切丁；胡萝卜洗净、去皮，切丁；火腿切丁。

2. 豆角、胡萝卜、青豆、玉米粒一起放入开水中焯熟，捞出，沥干备用。

3. 鸡蛋打散，搅拌均匀，倒入锅中炒散，盛出，备用。

4. 锅中放油烧热，爆香葱末和红彩椒，放入豆角、火腿丁、玉米粒、青豆、胡萝卜，翻炒2分钟左右，加入米饭、鸡蛋，继续翻炒均匀，加少量盐调味即可。

10

11

香菇牛肉饼

食材

牛肉末300克，香菇100克，面粉、植物油、香油、葱花、姜末、盐、发酵粉各适量

做法

1. 发酵粉用适量温水和匀，倒入面粉中，揉成光滑的面团，发酵备用。

2. 香菇洗净，剁碎；牛肉末放入盆内，加入剁好的香菇以及葱花、姜末、盐、香油，朝一个方向搅匀，制成牛肉馅，备用。

3. 将发好的面做成大小均等的剂子，擀成薄饼，包入牛肉馅，收口朝下，用手按扁成香菇牛肉饼生坯。

4. 电饼铛烧热，抹匀植物油，将做好的馅饼坯子放入饼铛内，盖上盖子，煎至两面金黄色即可。

肉丝炒面

食材

猪肉40克，豆腐皮50克，卤蛋1/2个，胡萝卜1小段，豆芽30克，新鲜香菇1朵，面条、葱段、洋葱丝、植物油、酱油、米醋、白糖、白胡椒粉各适量

做法

1. 猪肉切丝，备用；胡萝卜切丝，备用；香菇去蒂、洗净，切丝，备用。

2. 在锅中倒入清水，水开后下入面条，面条煮熟后捞出放入凉开水中略微浸泡，待凉后捞出，沥干备用。

3. 另起锅，倒入适量植物油，烧至五成热，放入葱段、洋葱丝、胡萝卜丝炒出香味，再放入猪肉丝炒至颜色变白。

4. 加入豆芽、豆腐皮、香菇丝，翻炒片刻，加入面条及适量水，再加入白糖、酱油、米醋，炒至入味，最后撒上白胡椒粉。

5. 将炒面盛出后配上半个卤蛋即可让宝宝享用啦。

小贴士

2～3岁的宝宝虽然饮食和成人差不多了，但仍应清淡，炒面中放了酱油之后可以不放盐。

菠菜土豆丝饼

食材

菠菜3棵，鸡蛋1个，土豆半个，面粉、盐、植物油各适量

做法

1. 将菠菜择洗干净，放入开水中汆烫片刻，捞出，切成小段。

2. 土豆去皮，洗干净，刨成细丝。

3. 鸡蛋打散，与菠菜段、土豆丝混合均匀，滴入几滴植物油，加入适量面粉、水、盐，搅成比较稠的面糊。

4. 将平底锅或者电饼铛加热，抹一层油，舀一勺面糊放入锅中，煎至熟透，盛出。

5. 将煎好的饼切成若干块即可。

13

14

204

204

肉夹馍

面粉200克，鲜猪肉500克，酵母粉、植物油、盐、料酒、冰糖、大料、桂皮、花椒、丁香各适量

---

1. 用温水化开酵母粉，倒入面粉中，和成软硬适中的面团，放置在温暖的地方饧40~50分钟。
2. 将饧好的面团平均分成若干份，压扁，擀成圆饼，备用。
3. 小火烧热锅，不用放植物油，把面饼放入，不时翻面，直至烤熟、烤香即可。

---

1. 将肥瘦适度的鲜猪肉用清水洗净，切成大块，备用；冰糖压碎。
2. 炒锅中放植物油，烧至三成热，加适量碎冰糖，小火炒黄后，改大火放入猪肉块快炒，使其上色。
3. 锅中加开水，以水没过肉为宜，小火煮10分钟左右，撇去浮沫，再在汤里加入盐、料酒、大料、桂皮、花椒、丁香烧开，一直保持汤微沸，继续焖煮2~3小时。
4. 待肉已完全酥烂后捞出，将适量腊汁肉剁碎，夹入白吉馍即可。

豌豆炒虾仁

食材

豌豆50克，虾仁5~6个，鸡汤、盐、植物油各适量

做法

1. 将豌豆洗净，备用；虾仁洗净备用。
2. 炒锅置火上，放油，烧至四成热，加入豌豆煸炒片刻，再加入虾仁煸炒2分钟左右。
3. 倒入鸡汤，待煨至汤汁浓稠时，放少量盐调味即可。

15

206

16

四季豆炒肉丝

食材

新鲜猪肉100克，四季豆200克，红色彩椒半个，姜丝、酱油、淀粉、植物油、盐各适量

做法

1. 四季豆去茎，洗净，掰成小段；将肉洗净切丝，加酱油、淀粉拌匀后炒熟，盛出备用。

2. 热油锅爆香姜丝及彩椒丝，放入四季豆翻炒，放少量盐调味。

3. 肉丝回锅，加少许水以小火焖煮片刻至水干即可。

小贴士

扁豆烹煮的时间宜长不宜短，要保证扁豆熟透，以免引起食物中毒。

双瓜酸牛奶

食材

西瓜50克，哈密瓜50克，酸奶适量

做法

1. 西瓜和哈密瓜去皮、去籽，切小块，一起放入榨汁机中榨成果汁。
2. 将榨好的汁液与酸奶搅拌均匀即可。

五彩冬瓜盅

食材

冬瓜1小块，胡萝卜1小段，新鲜蘑菇2朵，冬笋嫩尖10克，鸡汤、盐各适量

做法

1. 冬瓜、胡萝卜洗净后去皮，切小块备用；蘑菇、冬笋洗净，切小块。
2. 所有食材一起放到炖盅里，搅拌均匀，加入鸡汤，隔水炖至冬瓜酥烂，加盐调味即可。

18

松仁玉米

食材

新鲜玉米粒150克，新鲜豌豆粒50克，松子30克，胡萝卜1小段，植物油、盐、葱花各适量

做法

1. 将玉米粒、豌豆粒洗净备用；胡萝卜洗净去皮，切丁备用。

2. 将豌豆粒和玉米粒放入沸水中煮熟，捞出。

3. 热锅入油，放入葱花炒香，放入胡萝卜丁翻炒片刻，再放入豌豆粒、玉米粒翻炒约2分钟，最后放入松子，翻炒均匀，加入少量盐调味即可出锅。

芹菜炒香干

食材

芹菜100克，香干80克，植物油、盐、糖各适量。

做法

1. 将芹菜的叶子择去，切掉根部，清洗干净，切成小段。
2. 香干先横切成两半，再切成条。
3. 热锅入油，待油温时倒入芹菜炒出香味。
4. 倒入香干，翻炒片刻，放入少量盐和糖调味，炒匀后即可出锅。

20

豌豆炒黄瓜

食材

黄瓜半根，瘦猪肉50克，豌豆粒、植物油、盐各适量

做法

1. 豌豆粒洗净，用沸水焯熟，捞出，沥干备用。
2. 黄瓜洗净，切小块；瘦猪肉洗净，切丁。
3. 热锅入油，放入肉丁，炒至变色，放入黄瓜、豌豆翻炒片刻，加适量水，焖煮至熟，加少量盐调味即可。

21

22

苋菜鸡肉丸

食材

鸡脯肉100克，苋菜2棵，淀粉、酱油、盐各适量

做法

1. 鸡脯肉剁碎，加入适量淀粉、酱油，搅拌均匀。

2. 苋菜洗净，剁碎；把苋菜末和鸡肉泥混合。

3. 用手将菜肉泥捏成丸子状，放入沸水中煮熟，加入少量盐调味即可。

西湖牛肉羹

食材

牛肉50克，豆腐50克，胡萝卜1小段，水淀粉、植物油、盐各适量

做法

1. 牛肉洗净剁碎；豆腐碾碎；胡萝卜洗净、去皮，切末。
2. 热锅入油，下牛肉煸炒至牛肉变色，再下豆腐和胡萝卜炒熟。
3. 最后加适量水淀粉略煮，加盐调味即可。

23

清炒平菇

食材

新鲜平菇250克，盐、料酒、醋、水淀粉、植物油、香油各适量

做法

1. 将新鲜平菇去蒂，洗净，下沸水锅内焯透，捞出沥干水，切丝。

2. 锅置火上，放油烧热，放入平菇丝煸炒几下，加入料酒、醋，翻炒片刻，再加少量水继续煸炒至入味，加水淀粉勾芡，加入少量盐，淋上几滴香油装盘即可。

24

白灼芦笋

25

食材

芦笋200克，儿童酱油、亚麻籽油各适量

做法

1. 芦笋去根，洗净，切成1厘米左右的小段，备用。
2. 将芦笋段放入开水中焯熟，捞出。
3. 滴上儿童酱油、亚麻籽油即可。

营养点评

芦笋在国际市场上享有"蔬菜之王"的美称，它富含维生素A和维生素C，其含量均高于一般水果和蔬菜。芦笋中富含的微量元素具有调节机体代谢，提高身体免疫力的功效。

酱焖杏鲍菇

26

食材

杏鲍菇1个，甜面酱半汤勺，葱花、淀粉、植物油各适量

做法

1. 将杏鲍菇洗净，切成半厘米厚的圆片。

2. 锅中放油烧热，放入杏鲍菇两面煎熟，盛出备用。

3. 将甜面酱加适量水调稀，倒入锅中，翻炒均匀。

4. 淀粉加水勾薄芡，待锅中水快收干的时候倒入杏鲍菇，翻炒均匀，出锅，撒上葱花即可。

鸡蛋土豆沙拉

鸡蛋1个，土豆1个，黄瓜半根，沙拉
酱适量

做法

1. 土豆去皮，洗净，切成小丁，放入
水中煮熟，捞出备用。

2. 黄瓜去皮，洗净，切丁备用。

3. 鸡蛋煮熟，去壳，蛋黄掰碎，蛋白
切丁。

4. 将所有食材和沙拉酱一起拌匀即可。

28

白萝卜炖排骨

食材

猪肋排200克，白萝卜半个，姜片、盐各适量

做法

1. 将排骨剁成小块，放入开水锅中焯一下，捞出来用凉水冲干净。

2. 白萝卜去皮，切成1厘米粗的条，用开水焯一下备用。

3. 排骨重新放入开水锅中，放入姜片，用中火炖1.5小时，再加入萝卜条及适量盐，中火炖15分钟，至萝卜变软即可。

娃娃菜小虾丸

食材

鲜虾5只，娃娃菜5片，淀粉、盐各适量

做法

1. 将虾洗净，剥壳，去除沙线，剁碎成泥（保留一些颗粒感）；把娃娃菜洗净，切碎，备用。
2. 菜碎与虾泥混合再加入淀粉、盐及少量水，搅拌均匀后做成小丸子。
3. 将虾丸入蒸锅隔水蒸熟即可。

29

30

丝瓜烩双菇

食材

鲜口蘑1朵，香菇1朵，丝瓜1/2根，植物油、盐各适量

做法

1. 将丝瓜去皮，洗净后切成小块，备用。

2. 将鲜口蘑和香菇洗净，去蒂，在水里浸泡片刻，切成小丁，备用。

3. 锅中倒入适量植物油，放入口蘑丁、香菇丁与丝瓜块煸炒2分钟，加入适量清水，用中火煮约5分钟，出锅前加入盐调味即可。